安徽省农村水利工程典型图集

农村饮水安全工程分册

主编 张 肖

中国科学技术大学出版社

《安徽省农村水利工程典型图集：农村饮水安全工程分册》
编 写 人 员

主　　　编　张肖

副　主　编　郭炜　韦金保　吴永林　孙玉明

主要编制人员　王跃国　王常森　时义龙　张智文　杜运成

　　　　　　　曹传胜　程裕标　马少将　雷鹏　朱朋举

　　　　　　　徐程　夏炜　鲍竹兵　彭永平　胡伽

　　　　　　　时建详　王金松　洪忠　陈少明　曹利军

　　　　　　　宁光颖　马培培　刘国洋

主编单位　安徽省水利厅

承担单位　安徽省阜阳市水利规划设计院

　　　　　安徽省农村饮水管理总站

主要参编单位　上海市政工程设计研究总院(集团)第六设计院有限公司

　　　　　　　黄山市水电勘测设计院

　　　　　　　滁州市水利勘测设计院

　　　　　　　深圳市水务规划设计院

图书在版编目（CIP）数据

安徽省农村水利工程典型图集：农村饮水安全工程分册 / 张肖主编. —合肥：中国科学技术大学出版社,2016.4
ISBN 978-7-312-03921-8

Ⅰ.安…　Ⅱ.张…　Ⅲ.① 农村水利—水利工程—工程设计—安徽省—图集 ② 农村给水—饮用水—给水工程—工程设计—安徽省—图集　Ⅳ.S27-64

中国版本图书馆 CIP 数据核字（2016）第 005216 号

出版　中国科学技术大学出版社
　　　安徽省合肥市金寨路 96 号,230026
　　　网址:http://press.ustc.edu.cn
印刷　合肥市宏基印刷有限公司
发行　中国科学技术大学出版社
经销　全国新华书店
开本　787 mm× 1092 mm　1/8
印张　13.5
插页　2
字数　176 千
版次　2016 年 4 月第 1 版
印次　2016 年 4 月第 1 次印刷
定价　90.00 元

前　言

安徽省是农村水利建设任务十分繁重的省份，省委、省政府对农村水利建设管理十分重视，将农村饮水安全建设和八小水利工程改造提升列入全省重点民生工程加以推进。为了指导好各地的农村水利建设、管理和人员培训，我们组织编制了《安徽省农村水利工程典型图集》，分农村饮水安全工程分册和八小水利工程分册，本册为《安徽省农村水利工程典型图集：农村饮水安全工程分册》（以下简称《图集》）。

安徽地处华东腹地，位居长江下游、淮河中游，长江、淮河横贯东西，境内淮河以北为平原，江淮之间主要是丘陵地貌，皖南和皖西为山地，地形多样、地貌复杂，水源条件各异。全省总人口6929万人，其中农村人口5341万人。受水源条件等因素影响，存在水质不达标（地下水氟、铁、锰元素超标，血吸虫疫区等）、水量无保证等饮水不安全问题。为此，全省按照国家部署从2005年启动农村饮水安全工程建设。截至2015年底，共完成投资167亿元，建设供水工程7500处，解决了3374万农村居民和195万农村学校师生饮水安全问题。"十三五"期间，按照国家统一部署，安徽省将实施农村饮水安全巩固提升工程，建设任务仍很繁重。

由于安徽各区域自然条件不同，农村供水工程特点也各不相同。淮北平原主要以地下水为供水水源，通过管井取中深层地下水，根据原水水质不同，选择消毒、除氟、除铁锰等净水工艺。江淮丘陵、沿江平原区主要以地表水为供水水源，根据水源条件选择适宜取水构筑物，采用絮凝—沉淀—过滤—消毒常规净水工艺。皖南、皖西山区主要以溪流、山泉为供水水源，经净化、消毒后输送至高位水池，单处工程规模小。

《图集》选定的典型工程分以地表水为水源和以地下水为水源两大类。其中，以地下水为水源的典型工程，按净水工艺分消毒、除氟、除铁锰等3类；以地表水为水源的典型工程，按取水方式分固定式取水、移动式取水和引溪流水等3类。地下水为水源且仅消毒处理的典型工程附有全套图纸，除氟、除铁锰的只附净水工艺相关图纸；地表水为水源且采取移动式取水、引溪流水的典型工程附有全套图纸，固定式取水只附取水工程图纸。

《图集》在编写过程中得到了有关单位和专家的大力支持和帮助，在此深表感谢。

由于编写工作涉及面较广、技术性强，而且受收集到的图纸和编审人员技术水平所限，《图集》中难免存在不当之处，敬请读者批评指正。

编　者

2016年1月

目　　录

一、阜阳市阜南县地城镇中心水厂

（一）工程简介

阜南县地城镇中心水厂位于阜南县地城镇境内，供水范围包括地城集镇、刘楼村、陶寨村，覆盖39个自然村和1个集镇，受益农村居民15786人，学校4所，学校师生3947人，设计供水规模1400 m³/d。水厂项目法人为阜南县农村饮水安全工程领导小组办公室，设计单位为安徽省阜阳市水利规划设计院。

地城集镇、刘楼村、陶寨村境内农村居民原均利用自备浅水井供水，以浅层地下水作为饮用水源，主要存在饮水水质不达标、供水保证率低等饮水不安全问题。

根据区域参证井原水水质检测结果，厂区附近中深层地下水水质较好，达到《地下水质量标准》（GB/T 14848—93）要求，经消毒处理，即可满足《生活饮用水卫生标准》（GB 5749—2006）水质要求，因此设计选用区域中深层地下水作为供水水源。本次设计取水规模为1400 m³/d（仅做消毒处理，不考虑水厂自用水量），设计取水静水位为15.50 m（1985国家高程基准，下同），动水位为1.00 m。

地城镇中心水厂的净水措施是消毒，将原水添加二氧化氯消毒剂后存储至清水池。选用在清水池进水总管段投加二氧化氯的设计方案，经计算后，选用额定发生量为75 g/h的二氧化氯发生器2台（1用1备）。该消毒设备与在线流量计和二氧化氯余量仪实现自动环控，并与水厂中控室相连，可实施计算机远程操作。其工艺流程简图如下：

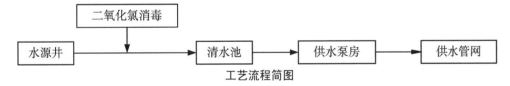

工艺流程简图

该水厂于2013年6月开工，2013年11月25日完工。地城镇中心水厂运行至今，水质达标、水量稳定，运行较好。水厂运行成本约1.1元/m³。

（二）工程特性表

序号	项目名称	单位	数值	备注
一	工程技术经济指标			
1	建设性质		新建	
2	设计年限	年	15	
3	供水规模	m³/d	1400	
4	时变化系数 K_h		2.0	
5	日变化系数 K_d		1.5	
6	最小服务水头	m	15	
7	供水受益行政村数	个	3	地城集镇、刘楼村、陶寨村
8	供水受益居民人数	人	15786	
9	受益学校/师生人数	所/人	4/3947	
10	居民生活用水定额	L/人·d	55	
11	人均综合用水量	L/人·d	88.7	
二	主要工程及设备			
1	取水工程			
1.1	供水管井	眼	3	单井深265 m
1.2	取水泵	台套	3	175QJ50-65/5
2	净水厂			
2.1	管理房	座	1	23.7 m×7.8 m，2层
2.2	供水泵房	座	1	10.8 m×7.2 m
2.3	井房消毒间	座	1	12.0 m×6 m
2.4	钢筋混凝土清水池	座	1	容积300 m³
2.5	10 kV输电线路	km	1	JKLYJ-70
2.6	变压器	台	1	S11-100/10
2.7	自动化控制设备	套	1	
2.8	消毒设备	台	2	额定发生量75 g/h
2.9	供水泵	台	4	设计流量117 m³/h
2.10	水质化验设备	套	1	
3	输配水工程			
3.1	dn250～dn32PE 管	km	101.9	0.8～1.6 MPa
3.2	阀门	个	171	
3.3	消防栓	个	5	
4	入户工程	户	4151	
三	工程概算	万元	944	
四	制水成本	元/m³	1.1	

（三）专家点评

1. 设计特点

（1）本工程以中深层地下水作为水源，水质较好，仅采用消毒处理即可满足生活饮用水要求，有广泛的代表性。

（2）工艺选用直线型布置，布置紧凑，节约用地。

（3）供水泵站采用大小泵搭配，适合农村地区供水特点，运行费用低。

（4）采用自动化控制，便于运行管理，有利于节能。

2. 适用范围

适用于以地下水为水源仅消毒处理的供水工程。

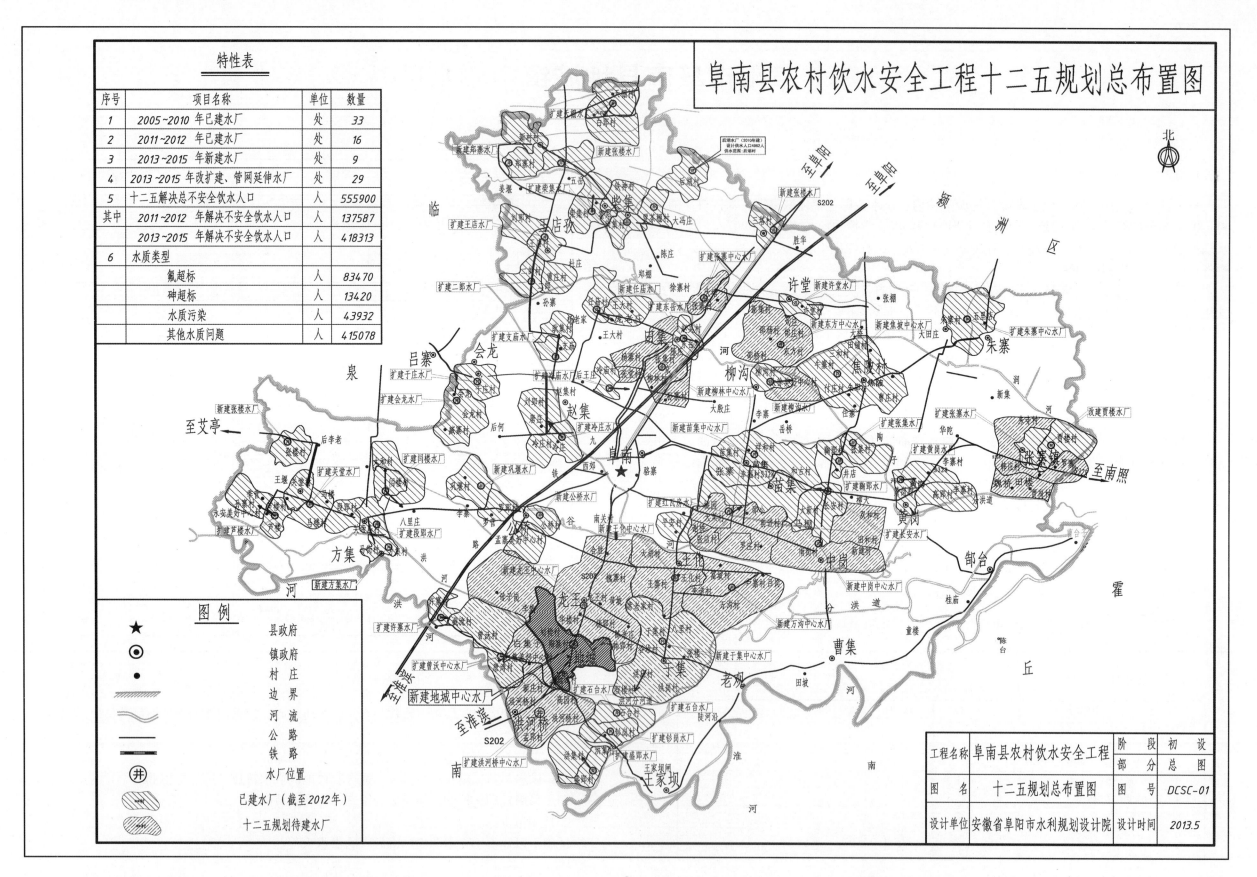

阜南县农村饮水安全工程十二五规划总布置图

特性表

序号	项目名称	单位	数量
1	2005~2010 年已建水厂	处	33
2	2011~2012 年已建水厂	处	16
3	2013~2015 年新建水厂	处	9
4	2013~2015 年改扩建、管网延伸水厂	处	29
5	十二五解决总不安全饮水人口	人	555900
其中	2011~2012 年解决不安全饮水人口	人	137587
	2013~2015 年解决不安全饮水人口	人	418313
6	水质类型		
	氟超标	人	83470
	砷超标	人	13420
	水质污染	人	43932
	其他水质问题	人	415078

图例

★	县政府
◉	镇政府
•	村庄
	边界
	河流
	公路
	铁路
井	水厂位置
	已建水厂（截至2012年）
	十二五规划待建水厂

工程名称	阜南县农村饮水安全工程	阶段	初设
		部分	总图
图名	十二五规划总布置图	图号	DCSC-01
设计单位	安徽省阜阳市水利规划设计院	设计时间	2013.5

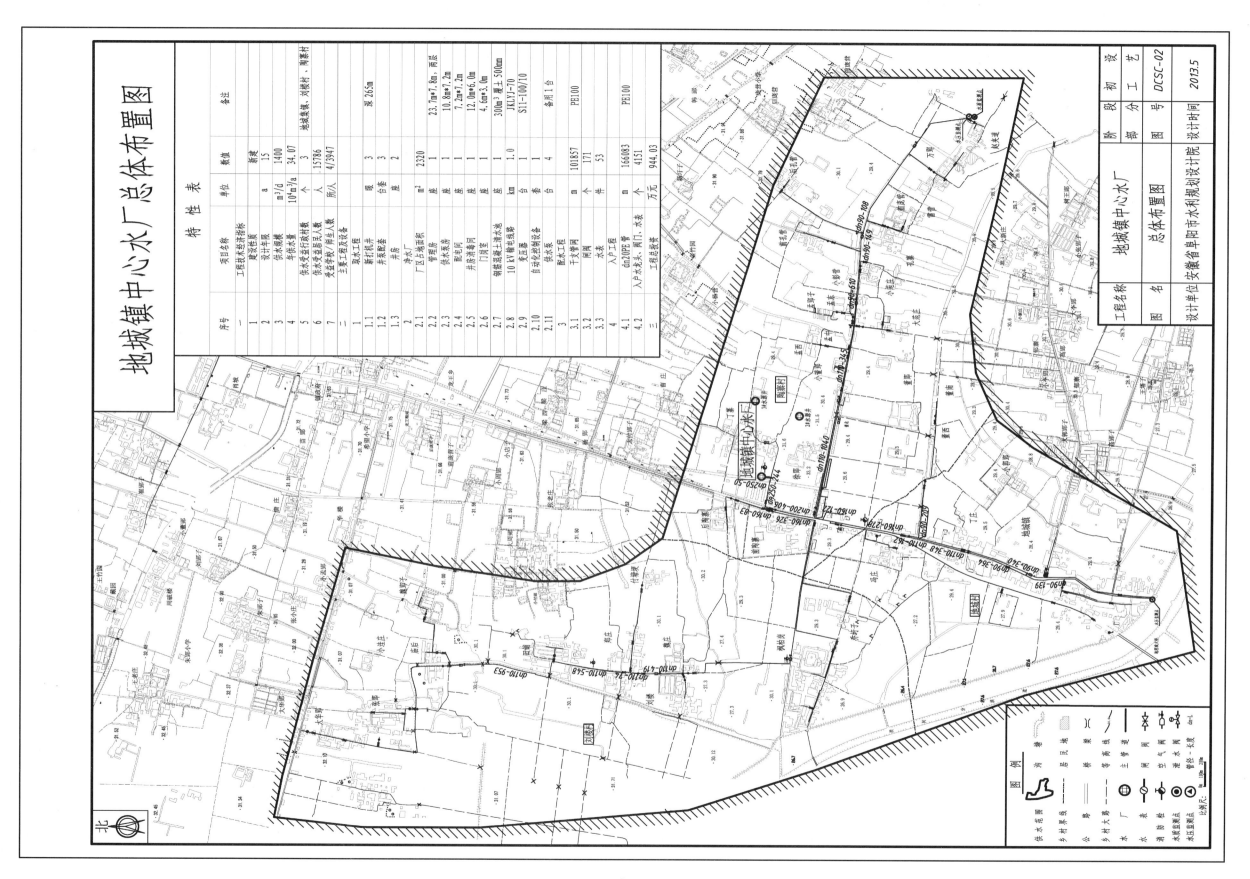

地城镇中心水厂总体布置图

特 性 表

序号	项目名称	单位	数值	备注
一	工程技术经济指标			
1	建设性质		新建	
2	设计年限	a	15	
3	供水规模	m³/d	1400	
4	年供水量	10⁴m³/a	34.07	
5	供水受益行政村数	个	3	地城集镇·刘寨村·陶寨村
6	供水受益居民村村数	人	15786	
7	受益学校入驻去人数	所/人	4/3947	
二	主要工程及设备			
1.1	取水工程	眼	3	深265m
1.2	新打机井	台/套	3	
1.3	井泵配套	座	2	
2	净水		2320	
2.1	厂区占地面积	m²	2320	
2.2	管理房	座	1	23.7m*7.8m，两层
2.3	供水泵房	座	1	10.8m*7.2m
2.4	配电间	座	1	7.2m*7.2m
2.5	井房消毒车间	座	1	12.0m*6.0m
2.6	门卫室	座	1	4.6m*3.0m
2.7	钢筋混凝土清水池	座	1	300m³ 覆土500mm
2.8	10 kV输电线路	km	1.0	JKLYJ-70
2.9	变压器	台	1	S11-100/10
2.10	自动化控制设备	套	1	
2.11	供水泵	台	4	备用1台
3	配水工程			
3.1	干支管网	m	101857	
3.2	阀门阀	个	171	PE100
3.3	水表	件	53	
4	入户工程			
4.1	dn20PE管	m	166083	PE100
4.2	入户水龙头、闸门、水表	个	4151	
三	工程总投资	万元	944.03	

工程名称	地城镇中心水厂		阶 段	初 设		设
图 名	总体布置图		部 分	工 艺		
设计单位 安徽省阜阳市水利规划设计院			图 号	DCSC-02		
			设计时间	2013.5		

北

比例尺

图 例
供水范围线
乡村道路
公路大路
乡村大路
水厂
水表
消防堵栓
水质监测点
管径-长度

地城镇中心水厂管网平面布置图拼图表

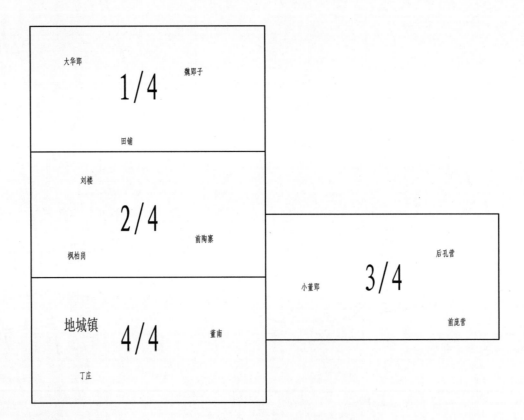

		大华郢		魏郢子		
			1/4			
			田铺			
		刘楼				
			2/4	前陶寨		
		枫柏岗				
						后孔营
				小董郢	**3/4**	
		地城镇	**4/4**	董南		前庞营
		丁庄				

工程名称	地城镇中心水厂	阶 段	初 设
		部 分	土 建
图 名	管网平面布置图拼图表	图 号	DCSC-03
设计单位	安徽省阜阳市水利规划设计院	设计时间	2013.5

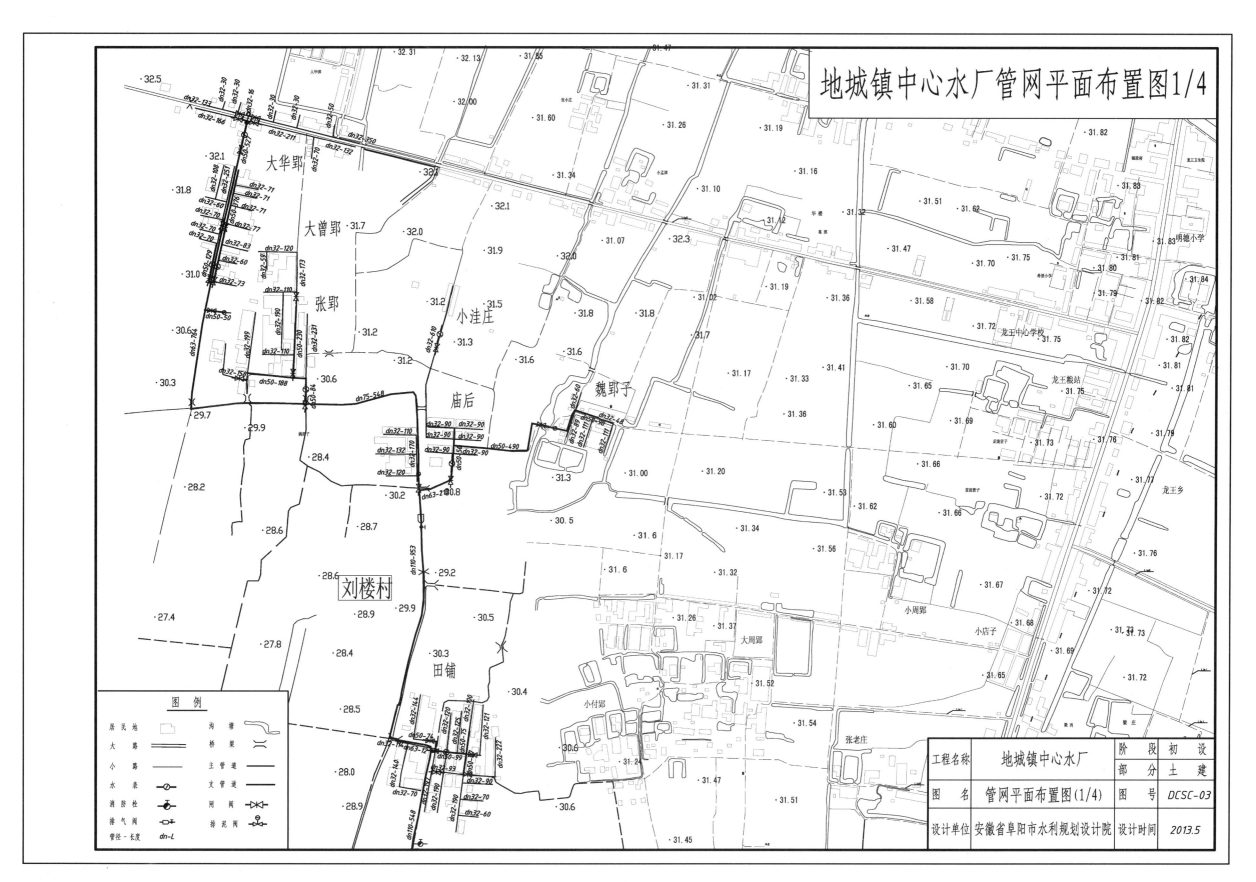

地城镇中心水厂管网平面布置图1/4

图 例			
居 民 地		沟 塘	
大 路		桥 梁	
小 路		主管道	
水 表		支管道	
消 防 栓		闸 阀	
排 气 阀		排 泥 阀	
管径-长度	dn-L		

工程名称	地城镇中心水厂	阶 段	初 设
		部 分	土 建
图 名	管网平面布置图(1/4)	图 号	DCSC-03
设计单位	安徽省阜阳市水利规划设计院	设计时间	2013.5

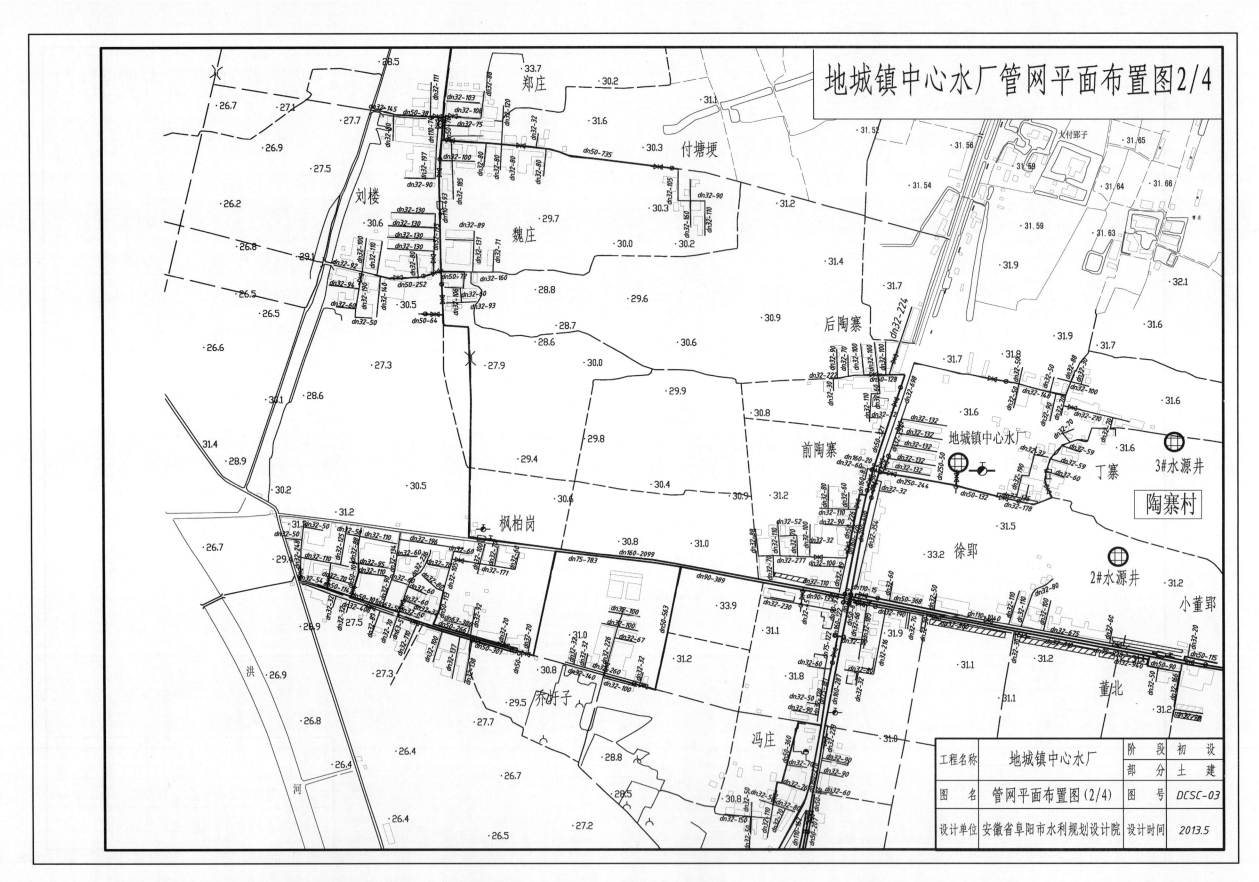

陶寨村

工程名称	地城镇中心水厂		阶 段	初 设
			部 分	土 建
图 名	管网平面布置图(2/4)		图 号	DCSC-03
设计单位	安徽省阜阳市水利规划设计院		设计时间	2013.5

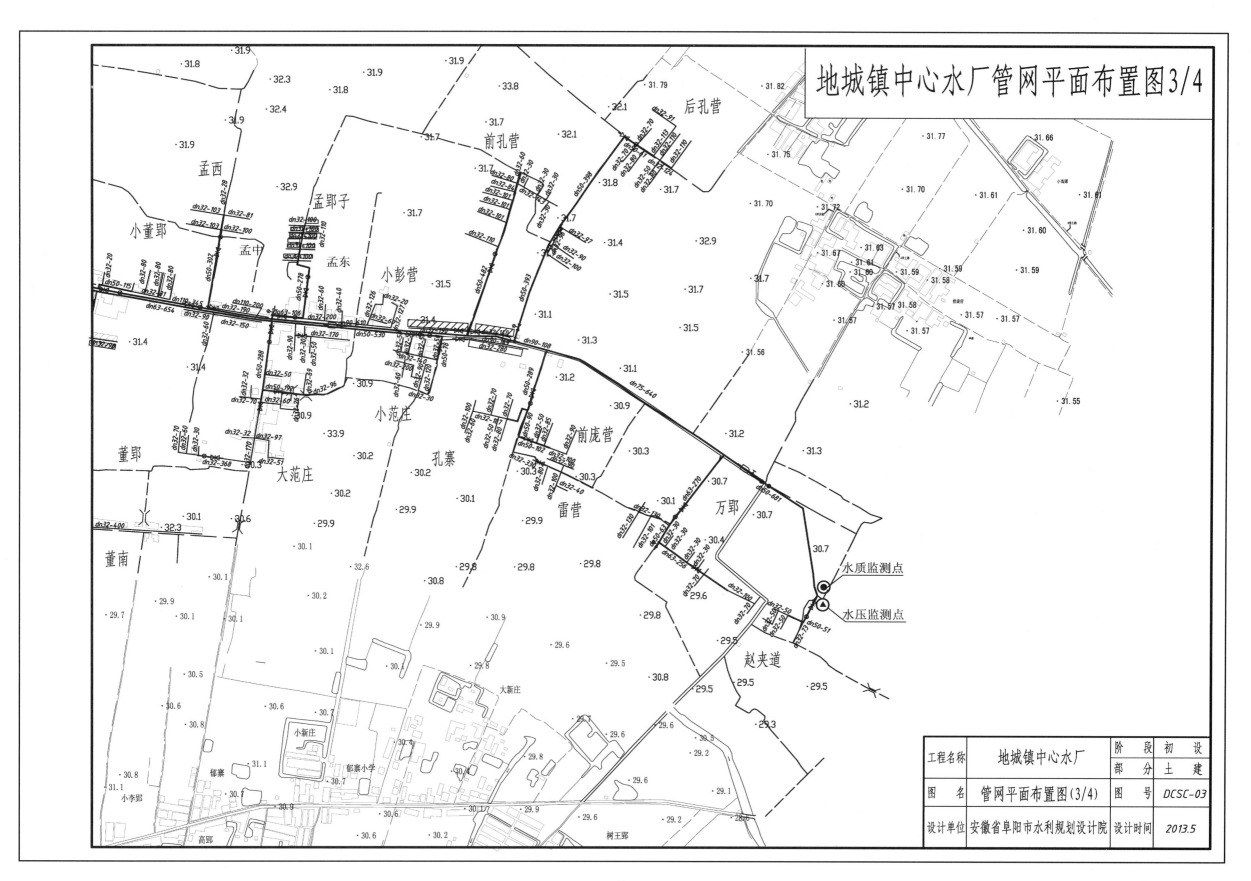

水质监测点

水压监测点

工程名称	地城镇中心水厂	阶 段	初 设
		部 分	土 建
图 名	管网平面布置图(3/4)	图 号	DCSC-03
设计单位	安徽省阜阳市水利规划设计院	设计时间	2013.5

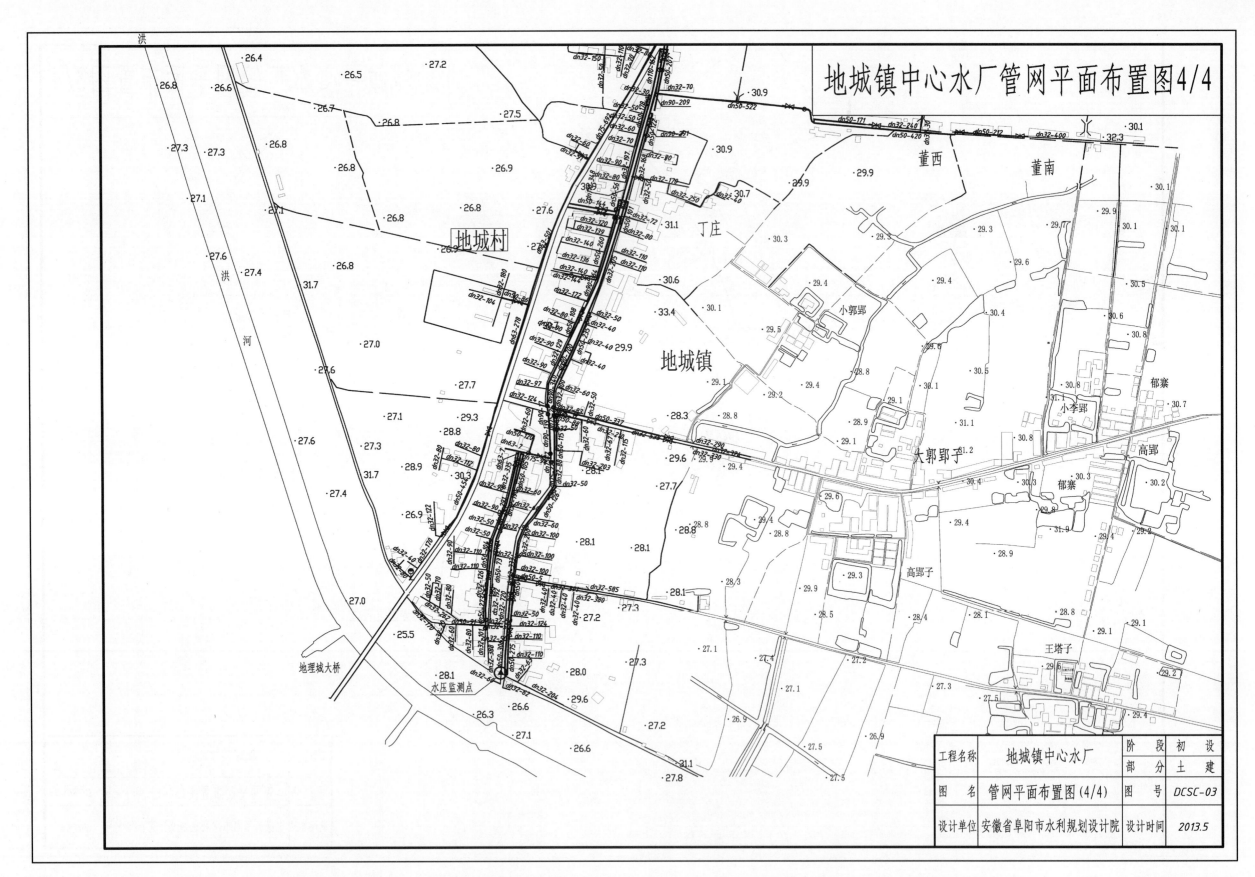

地城镇中心水厂管网平面布置图4/4

工程名称	地城镇中心水厂	阶 段	初 设
		部 分	土 建
图 名	管网平面布置图(4/4)	图 号	DCSC-03
设计单位	安徽省阜阳市水利规划设计院	设计时间	2013.5

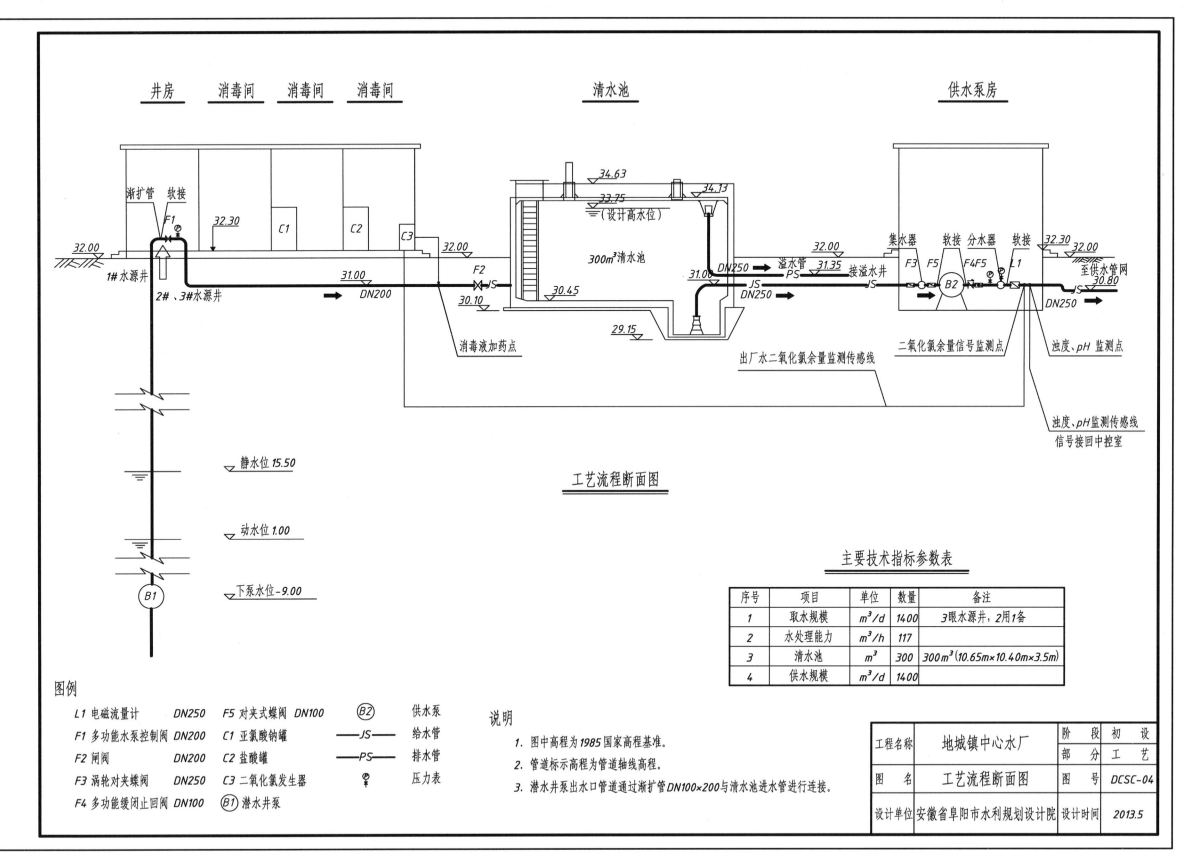

工艺流程断面图

主要技术指标参数表

序号	项目	单位	数量	备注
1	取水规模	m³/d	1400	3眼水源井，2用1备
2	水处理能力	m³/h	117	
3	清水池	m³	300	300m³(10.65m×10.40m×3.5m)
4	供水规模	m³/d	1400	

图例

L1 电磁流量计 DN250
F1 多功能水泵控制阀 DN200
F2 闸阀 DN200
F3 涡轮对夹蝶阀 DN250
F4 多功能缓闭止回阀 DN100
F5 对夹式蝶阀 DN100
C1 亚氯酸钠罐
C2 盐酸罐
C3 二氧化氯发生器
(B1) 潜水井泵
(B2) 供水泵
—JS— 给水管
—PS— 排水管
压力表

说明

1. 图中高程为1985国家高程基准。
2. 管道标示高程为管道轴线高程。
3. 潜水井泵出水口管道通过渐扩管DN100×200与清水池进水管进行连接。

工程名称	地城镇中心水厂	阶 段	初 设
		部 分	工 艺
图 名	工艺流程断面图	图 号	DCSC-04
设计单位	安徽省阜阳市水利规划设计院	设计时间	2013.5

地城镇中心水厂管网水力计算图

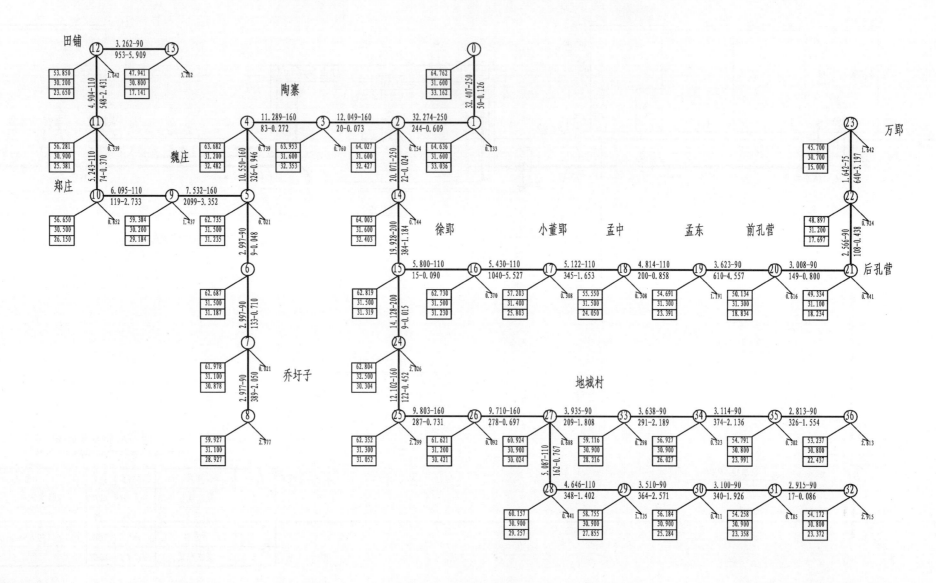

流量（L/S）-管径（mm）
管长（m）-水头损失（m）

节点出流量（L/S）

水压标高（m）
地面标高（m）
自由水头（m）

说明

1. 管网水力计算采用电算程序进行，计算内容包括人均用水当量计算、管道流量计算、输水管径计算、水头损失计算。

2. 主干管网平面布置、管径标注、工程量统计以此计算结果为依据。

工程名称	地城镇中心水厂	阶 段	初 设
		部 分	土 建
图 名	管网水力计算图	图 号	DCSC-05
设计单位	安徽省阜阳市水利规划设计院	设计时间	2013.5

地城镇中心水厂供水管网典型纵断面设计图

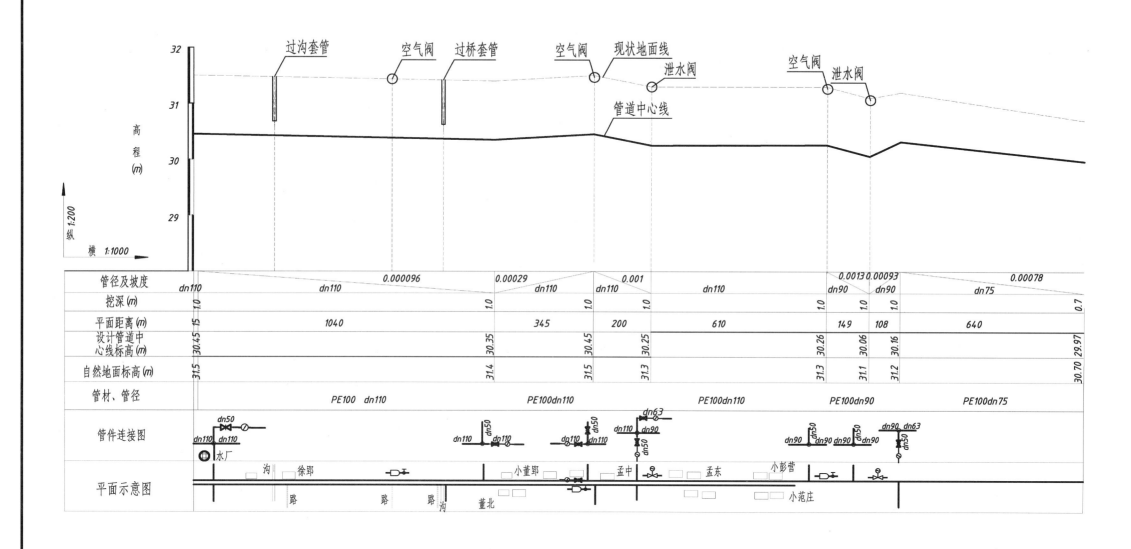

管径及坡度	dn110	dn110	0.000096	0.00029	dn110	0.001	dn110	0.0013 0.00093	0.00078
					dn110	dn110		dn90 dn90	dn75
挖深 (m)	1.0	1.0		1.0	1.0	1.0		1.0	0.7
平面距离 (m)	15 15	1040		345	200	610		149 108	640
设计管道中心线标高 (m)	30.45 31.5			30.35	30.45	30.25		30.26 30.06 30.16	30.70 29.97
自然地面标高 (m)	31.5			31.4	31.5	31.3		31.3 31.1 31.2	30.70
管材、管径	PE100 dn110			PE100dn110		PE100dn110		PE100dn90	PE100dn75

管件连接图

平面示意图

沟　徐郢　　路　路　路沟　董北　　小董郢　孟中　孟东　小彭营　　小范庄

说明
1. 图中高程为1985国家高程基准。
2. 图中尺寸高程、长度以m计。
3. 图中：空气阀 ，水表 ，闸阀 ，泄水阀 ，主管道 支管道 ，沟 ，过沟、过桥套管 。

工程名称	地城镇中心水厂	阶 段	初 设
		部 分	土 建
图 名	典型纵断面设计图	图 号	DCSC-06
设计单位	安徽省阜阳市水利规划设计院	设计时间	2013.5

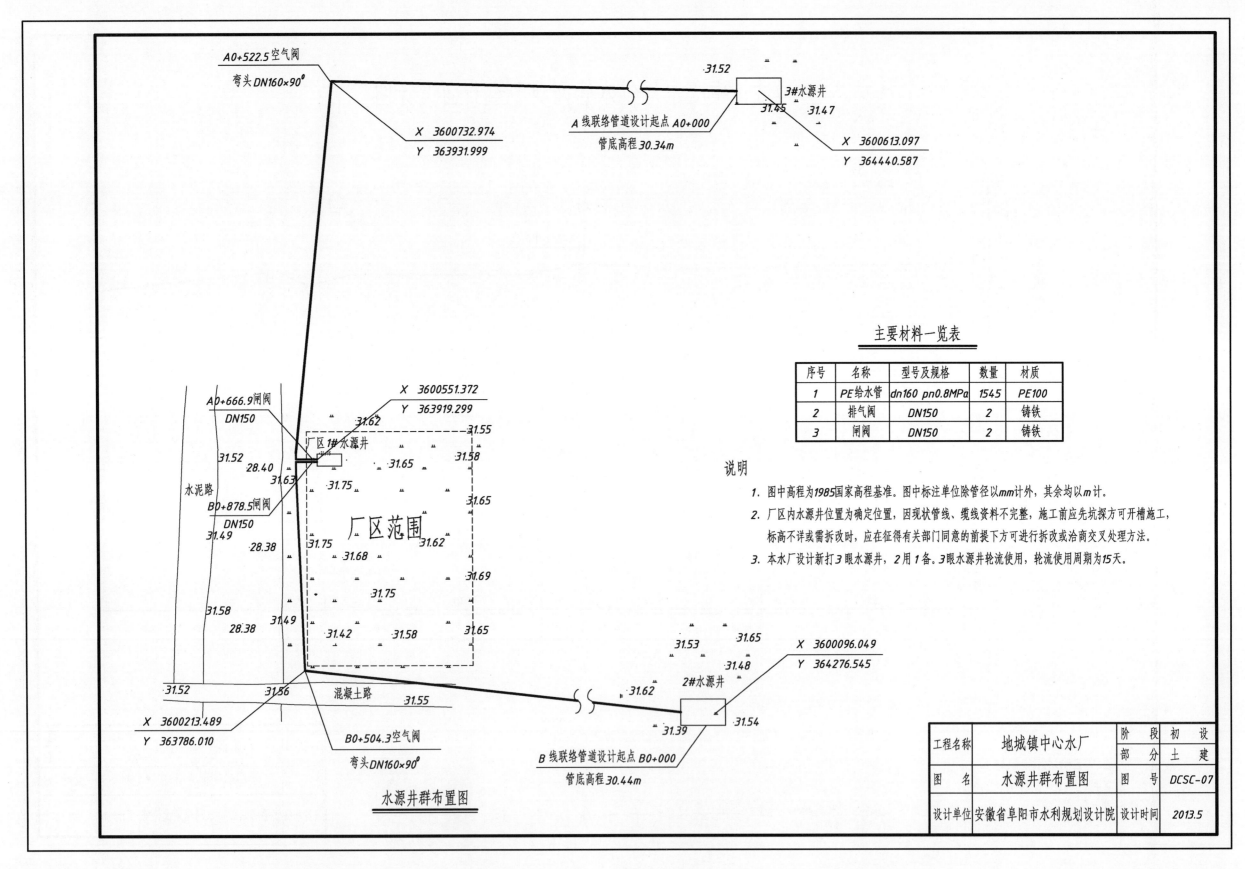

A0+522.5空气阀

弯头 DN160×90°

.31.52

3#水源井

31.45   .31.47

A线联络管道设计起点 A0+000

管底高程30.34m

X 3600732.974
Y 363931.999

X 3600613.097
Y 364440.587

主要材料一览表

序号	名称	型号及规格	数量	材质
1	PE给水管	dn160 pn0.8MPa	1545	PE100
2	排气阀	DN150	2	铸铁
3	闸阀	DN150	2	铸铁

X 3600551.372
Y 363919.299

.31.62   .31.55

A0+666.9闸阀
DN150

厂区1#水源井

.31.65   .31.58

31.52   28.40
31.63

.31.75

水泥路

B0+878.5闸阀

.31.65

DN150
31.49   .28.38

厂区范围

.31.75   .31.62

.31.68

.31.69

.31.75

31.58
.28.38   .31.49

.31.42   .31.58   .31.65

说明

1. 图中高程为1985国家高程基准。图中标注单位除管径以mm计外，其余均以m计。

2. 厂区内水源井位置为确定位置，因现状管线、缆线资料不完整，施工前应先坑探方可开槽施工，标高不详或需拆改时，应在征得有关部门同意的前提下方可进行拆改或洽商交叉处理方法。

3. 本水厂设计新打3眼水源井，2用1备。3眼水源井轮流使用，轮流使用周期为15天。

.31.53   .31.65

X 3600096.049
Y 364276.545

.31.48

31.52   31.56   混凝土路   .31.55

.31.62

2#水源井

X 3600213.489
Y 363786.010

B0+504.3空气阀

弯头 DN160×90°

.31.39   .31.54

B线联络管道设计起点 B0+000

管底高程30.44m

水源井群布置图

工程名称	地城镇中心水厂	阶 段	初 设
		部 分	土 建
图 名	水源井群布置图	图 号	DCSC-07
设计单位	安徽省阜阳市水利规划设计院	设计时间	2013.5

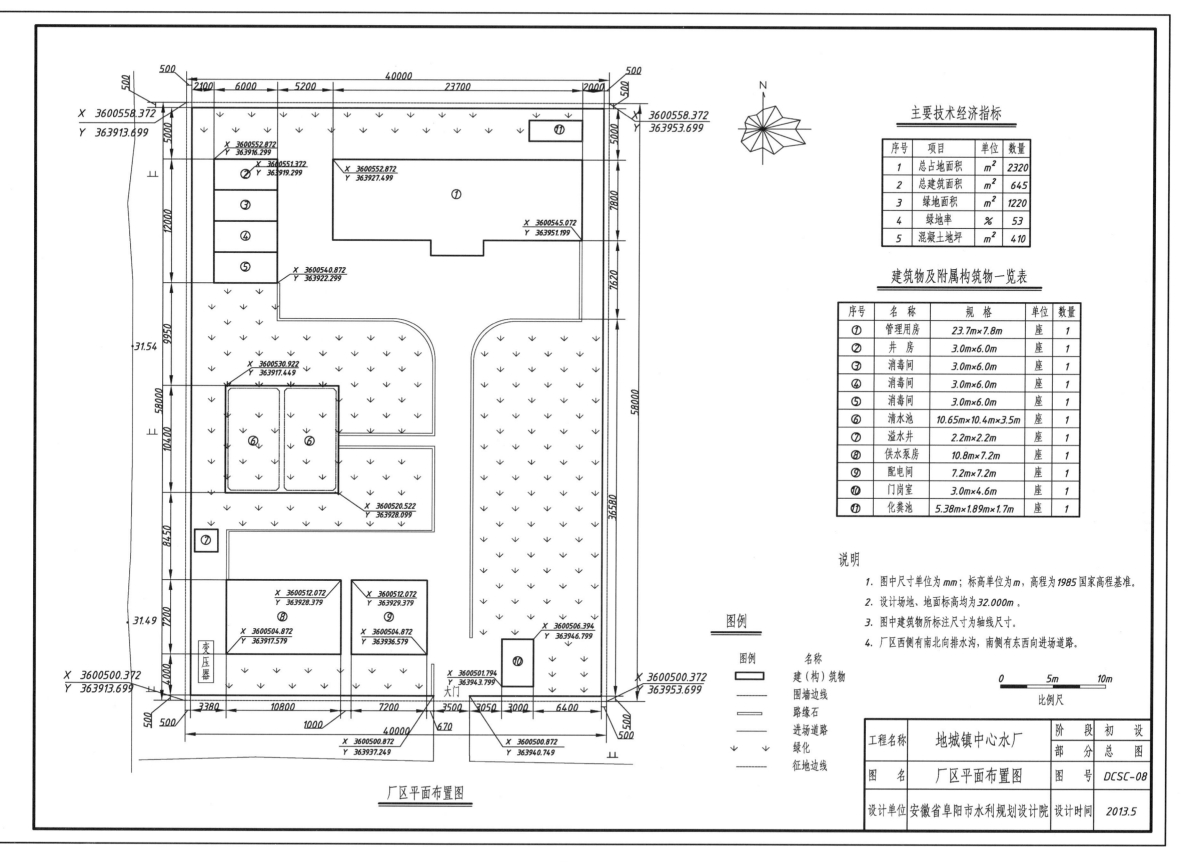

主要技术经济指标

序号	项目	单位	数量
1	总占地面积	m²	2320
2	总建筑面积	m²	645
3	绿地面积	m²	1220
4	绿地率	%	53
5	混凝土地坪	m²	410

建筑物及附属构筑物一览表

序号	名 称	规 格	单位	数量
①	管理用房	23.7m×7.8m	座	1
②	井 房	3.0m×6.0m	座	1
③	消毒间	3.0m×6.0m	座	1
④	消毒间	3.0m×6.0m	座	1
⑤	消毒间	3.0m×6.0m	座	1
⑥	清水池	10.65m×10.4m×3.5m	座	1
⑦	溢水井	2.2m×2.2m	座	1
⑧	供水泵房	10.8m×7.2m	座	1
⑨	配电间	7.2m×7.2m	座	1
⑩	门岗室	3.0m×4.6m	座	1
⑪	化粪池	5.38m×1.89m×1.7m	座	1

说明

1. 图中尺寸单位为mm；标高单位为m，高程为1985国家高程基准。

2. 设计场地、地面标高均为32.000m。

3. 图中建筑物所标注尺寸为轴线尺寸。

4. 厂区西侧有南北向排水沟，南侧有东西向进场道路。

0   5m   10m

比例尺

图例

图例	名 称
	建（构）筑物
	围墙边线
	路缘石
	进场道路
↓	绿化
	征地边线

厂区平面布置图

工程名称	地城镇中心水厂	阶 段	初 设
		部 分	总 图
图 名	厂区平面布置图	图 号	DCSC-08
设计单位	安徽省阜阳市水利规划设计院	设计时间	2013.5

建筑物及附属构筑物一览表

序号	名 称	规 格	单位	数量
①	管理用房	23.7m×7.8m	座	1
②	井 房	3.0m×6.0m	座	1
③	消毒间	3.0m×6.0m	座	1
④	消毒间	3.0m×6.0m	座	1
⑤	消毒间	3.0m×6.0m	座	1
⑥	清水池	10.65m×10.4m×3.5m	座	1
⑦	溢水井	2.2m×2.2m	座	1
⑧	供水泵房	10.8m×7.2m	座	1
⑨	配电间	7.2m×7.2m	座	1
⑩	门岗室	3.0m×4.6m	座	1
⑪	化粪池	5.38m×1.89m×1.7m	座	1

水厂管线主要材料工程量一览表

序号	名 称	型号及规格	单位	数量	材质
1	给水管	DN200，壁厚7.0mm	m	28	不锈钢管
2	给水管	DN250，壁厚7.0mm	m	36	不锈钢管
3	给水管	dn250 pn0.8MPa	m	6	PE100
4	给水管	dn110 pn0.8MPa	m	22	PE100
5	排水管	dn250 pn0.8MPa	m	35	PE100
6	雨水管	φ300	m	200	预制钢筋混凝土管
7	给水管	dn25 pn1.6MPa	m	20	PE100
8	废水管	dn110	m	40	UPVC
9	雨水井		座	11	砖砌
10	室外消防栓		个	1	铸铁

图例

图例	名称
▭	建（构）筑物
—JS—	给水管
—PS—	排水管
—F—	废水管
—ClO₂—	消毒液添加管
—Y—	雨水管
⊕	室外消防栓
―――	征地边线
▣	闸阀井
▬	雨水口

说明

1. 图中尺寸单位为mm；标高单位为m，高程为1985国家高程基准。

2. 设计场地、道路地面标高均为32.000m。

0   5m   10m

比例尺

排至西侧排水沟

dn160 31.20m
2#水源井
3#水源井
dn160 31.20m

DN200 31.00m

DN200 31.00m

φ110 31.20m

5‰

5‰

dn250 31.35m

DN250 31.00m

dn250 30.80m

5‰

dn110 31.20m

dn110 31.20m

综合管线布置图

变压器

大门

排至西侧排水沟

工程名称	地城镇中心水厂	阶 段	初 设
		部 分	总图
图 名	综合管线布置图	图 号	DCSC-09
设计单位	安徽省阜阳市水利规划设计院	设计时间	2013.5

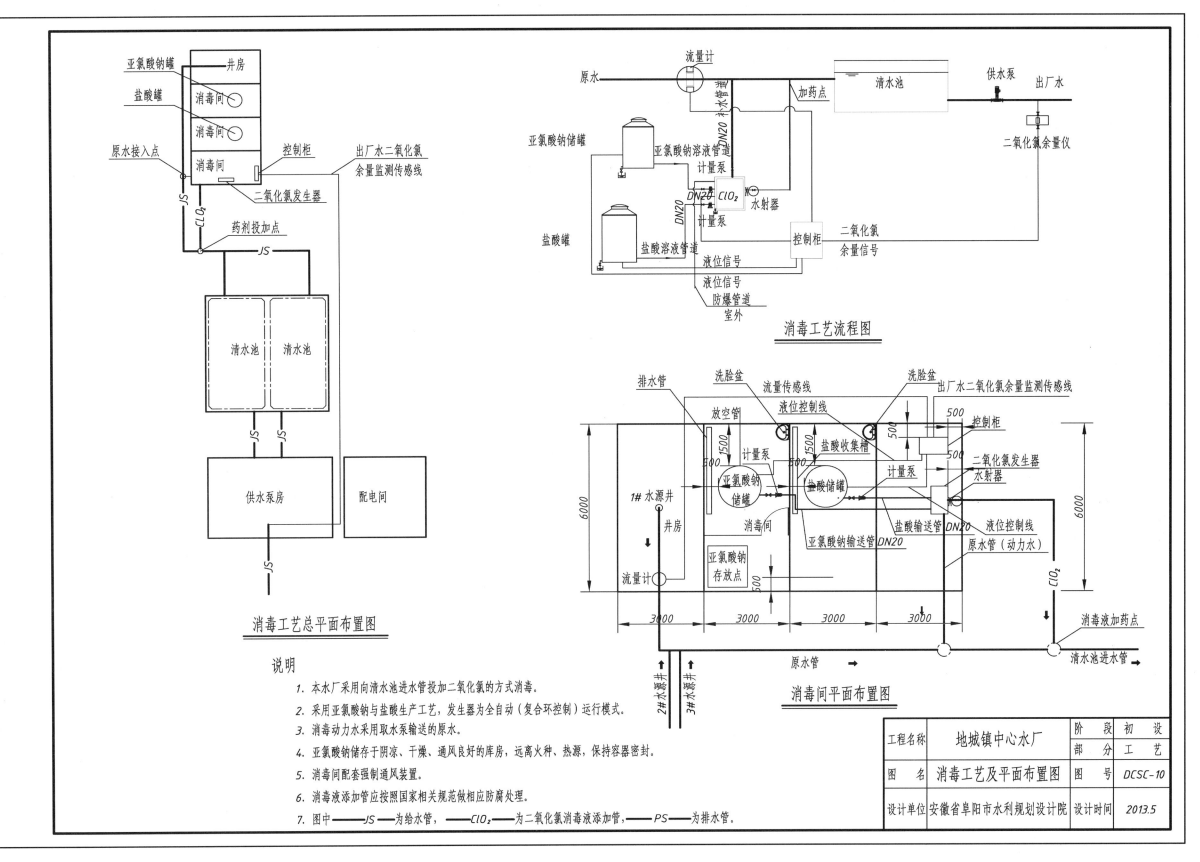

亚氯酸钠罐　井房
盐酸罐
消毒间
消毒间
原水接入点　消毒间　控制柜
二氧化氯发生器
出厂水二氧化氯余量监测传感线
药剂投加点
JS
清水池　清水池
JS　JS
供水泵房　配电间
JS

消毒工艺总平面布置图

流量计
原水　清水池　供水泵　出厂水
加药点
二氧化氯余量仪
亚氯酸钠储罐　亚氯酸钠溶液管道
计量泵
DN20　ClO₂　水射器
DN20　计量泵
控制柜　二氧化氯余量信号
盐酸罐　盐酸溶液管道
液位信号
液位信号
防爆管道
室外

消毒工艺流程图

排水管　洗脸盆　流量传感线　洗脸盆　出厂水二氧化氯余量监测传感线
放空管　液位控制线
控制柜
盐酸收集槽
计量泵　计量泵　二氧化氯发生器　水射器
亚氯酸钠储罐　盐酸储罐
1# 水源井　井房　消毒间
盐酸输送管DN20　液位控制线
亚氯酸钠输送管DN20　原水管（动力水）
亚氯酸钠存放点
流量计
2#水源井　3#水源井　原水管　消毒液加药点
6000　6000
3000　3000　3000　3000
ClO₂
清水池进水管

消毒间平面布置图

说明

1. 本水厂采用向清水池进水管投加二氧化氯的方式消毒。
2. 采用亚氯酸钠与盐酸生产工艺，发生器为全自动（复合环控制）运行模式。
3. 消毒动力水采用取水泵输送的原水。
4. 亚氯酸钠储存于阴凉、干燥、通风良好的库房，远离火种、热源，保持容器密封。
5. 消毒间配套强制通风装置。
6. 消毒液添加管应按照国家相关规范做相应防腐处理。
7. 图中——JS——为给水管，——ClO₂——为二氧化氯消毒液添加管；——PS——为排水管。

工程名称	地城镇中心水厂	阶　段	初　设
		部　分	工　艺
图　名	消毒工艺及平面布置图	图　号	DCSC-10
设计单位	安徽省阜阳市水利规划设计院	设计时间	2013.5

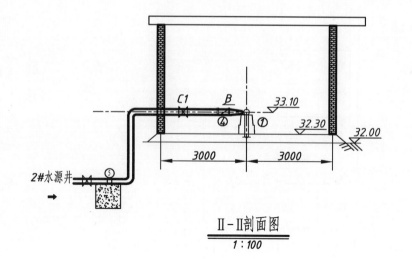

I-I剖面图
1:100

II-II剖面图
1:100

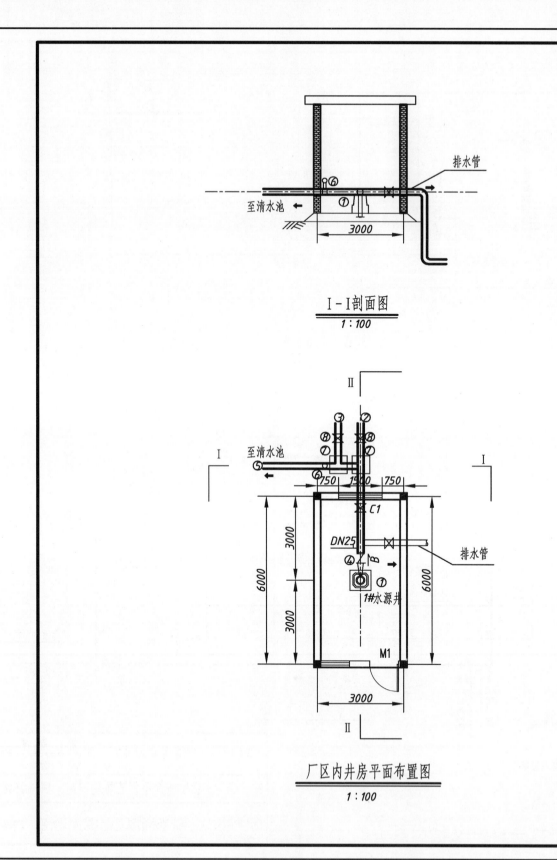

厂区内井房平面布置图
1:100

设备材料表

序号	名 称	规 格	单位	数量
①	1#水源井		眼	1
②	2#水源井输水管	dn160 PE100	m	5
③	3#水源井输水管	dn160 PE100	m	5
④	多功能水泵控制阀	DN200	个	1
⑤	清水池进水管	DN200	m	5
⑥	压力表	1.0MPa	个	1
⑦	混凝土镇墩	0.3m×0.3m×0.3m	个	2
⑧	闸阀	DN150	个	2

说明

1. 图中标注高程均为1985国家高程基准。

2. 本图高程以m计,其余尺寸以mm计。

3. 井房在水源井上部预留800mm×800mm检修孔。

工程名称	地城镇中心水厂	阶 段	初 设
		部 分	工 艺
图 名	取水泵房工艺图	图 号	DCSC-11
设计单位	安徽省阜阳市水利规划设计院	设计时间	2013.5

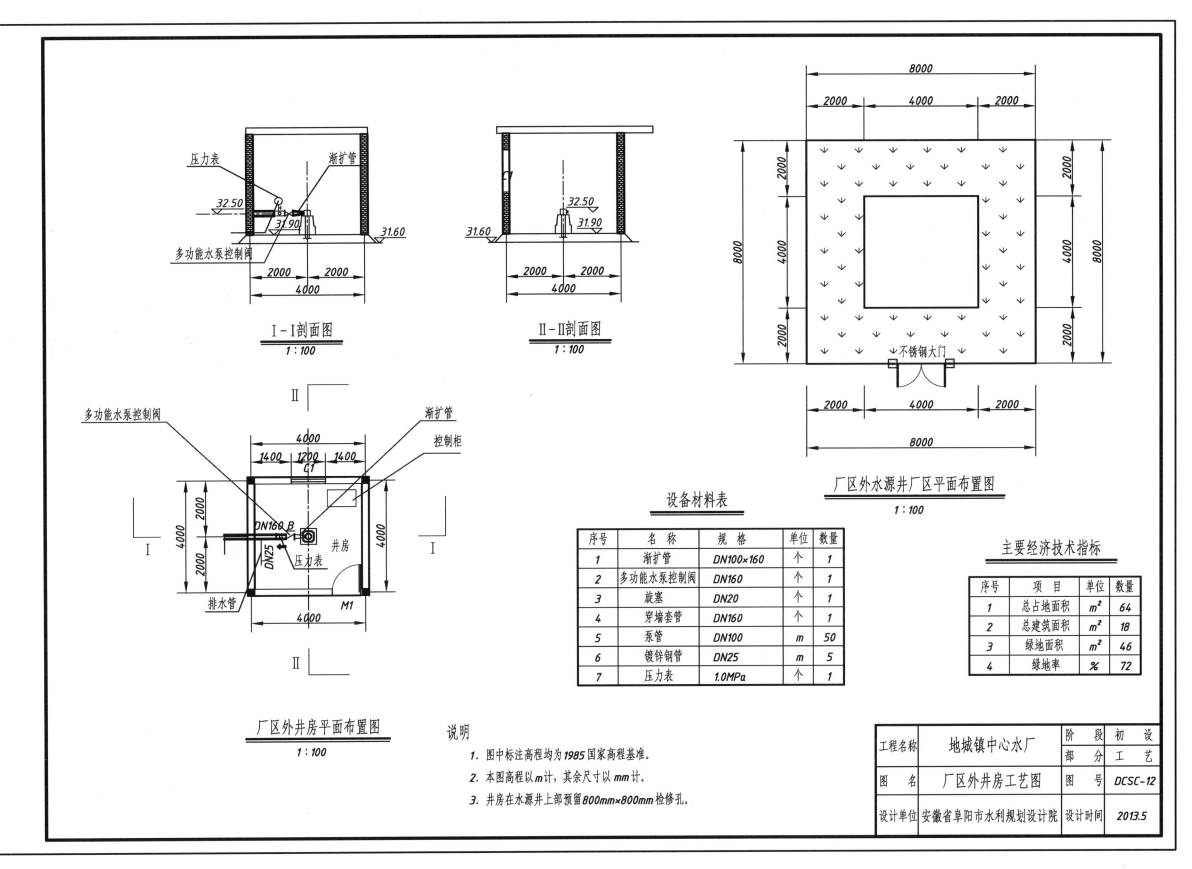

压力表

渐扩管

32.50

31.90

31.60

多功能水泵控制阀

Ⅰ-Ⅰ剖面图
1:100

32.50
31.90

31.60

Ⅱ-Ⅱ剖面图
1:100

8000

2000 4000 2000

2000

8000

4000

8000

4000

2000

不锈钢大门

2000 4000 2000

8000

厂区外水源井厂区平面布置图
1:100

多功能水泵控制阀

渐扩管

控制柜

4000

1400 1200 1400

G1

2000

4000

DN160 B

井房

2000

DN25

压力表

排水管

M1

4000

厂区外井房平面布置图
1:100

设备材料表

序号	名 称	规 格	单位	数量
1	渐扩管	DN100×160	个	1
2	多功能水泵控制阀	DN160	个	1
3	旋塞	DN20	个	1
4	穿墙套管	DN160	个	1
5	泵管	DN100	m	50
6	镀锌钢管	DN25	m	5
7	压力表	1.0MPa	个	1

主要经济技术指标

序号	项 目	单位	数量
1	总占地面积	m²	64
2	总建筑面积	m²	18
3	绿地面积	m²	46
4	绿地率	%	72

说明

1. 图中标注高程均为1985国家高程基准。

2. 本图高程以m计,其余尺寸以mm计。

3. 井房在水源井上部预留800mm×800mm检修孔。

工程名称	地城镇中心水厂	阶 段	初 设
		部 分	工 艺
图 名	厂区外井房工艺图	图 号	DCSC-12
设计单位	安徽省阜阳市水利规划设计院	设计时间	2013.5

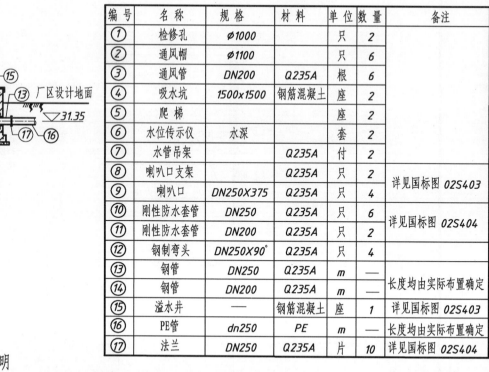

工程数量表

编号	名称	规格	材料	单位	数量	备注
①	检修孔	φ1000		只	2	
②	通风帽	φ1100		只	6	
③	通风管	DN200	Q235A	根	6	
④	吸水坑	1500×1500	钢筋混凝土	座	2	
⑤	爬梯			座	2	
⑥	水位传示仪	水深		套	2	
⑦	水管吊架		Q235A	付	2	
⑧	喇叭口支架		Q235A	只	2	详见国标图 02S403
⑨	喇叭口	DN250X375	Q235A	只	4	
⑩	刚性防水套管	DN250	Q235A	只	6	详见国标图 02S404
⑪	刚性防水套管	DN200	Q235A	只	2	
⑫	钢制弯头	DN250X90°	Q235A	只	4	
⑬	钢管	DN250	Q235A	m	—	长度均由实际布置确定
⑭	钢管	DN200	Q235A	m	—	
⑮	溢水井	—	钢筋混凝土	座	1	详见国标图 02S403
⑯	PE管	dn250	PE	m	—	长度均由实际布置确定
⑰	法兰	DN250	Q235A	片	10	详见国标图 02S404

300m³ 清水池纵剖面
1:100

300m³ 清水池工艺平面图
1:100

说明

1. 图中尺寸单位为mm；标高单位为m，高程为1985国家高程基准。

2. 混凝土强度等级: 箱体 C25、垫层 C15。

3. 水池外壁、内壁和顶板顶面，用1:2防水水泥砂浆抹面，厚20mm；水池顶板底面和导流墙等表面均用1:2 水泥砂浆抹面，厚20mm。

4. 清水池内导流墙采用浆砌烧结实心砖墙，用M10水泥砂浆砌筑，厚度240mm，高度3500mm；导流墙底设 2 个 120mm×120mm 清扫孔。

5. 顶板上方覆土500mm 厚并植草皮，顶板四周砌厚 240mm 砖墙，高 500mm，间隔2000mm，设垛 370mm×370mm，砖砌墙底部预留排水孔，间距 2000mm，清水池外露部位做保温处理并贴面砖。

6. 池底排水坡i=0.005，排向吸水坑。

7. 检修孔、各种水管位置及溢水井位置等可根据工程现场情况布置，冻土深度以上管道做保温处理。

8. 将无机保温砂浆进行分次施工，每次施工厚度为25mm，2遍抹灰间隔应在24小时以上，详见图集皖2007J212外墙外保温系统构造图集(七)JA膨胀玻化微珠保温砂浆外墙外保温系统。

工程名称	地城镇中心水厂	阶 段	初 设
		部 分	土 建
图 名	清水池结构图	图 号	DCSC-13
设计单位	安徽省阜阳市水利规划设计院	设计时间	2013.5

水源井结构数据一览表

序号	类型	名 称	单位	数量
1	水源井结构	单井出水量	m^3/h	50
2		终孔直径	mm	650
3		终孔深度	m	265
4		井壁管外径	mm	325/273
5		滤水管外径	mm	273
6		滤水管长度	m	132
7		黏土封井深度	m	124
8		沉淀管长度	m	4
9	单井设计参数	井位地形高程	m	31.8
10		静水位	m	15.5
11		最大降深	m	14.5
12		要求水泵扬程	m	57.8
13		选用井泵型号		175QJ50-65/5
14		翼轮级数	级	5
15		泵电机功率	kW	13

柱状图及地层描述

标尺(m)	层序	层底标高(m)	层底深度(m)	分层厚度(m)	地层描述
	①	-15	15	15	黏土:黄色,湿,可塑状态,含钙质结核,微透水~极微透水性
	②	-28	28	13	粉砂:黄色,饱和,中透水性,密实状态
	③	-40	40	12	粉质黏土:黄色,湿,可塑状态,含钙质结核,弱~微透水性
-50					
	④	-68	68	28	粉土:黄色,湿,中密状态,弱透水性
	⑤	-80	80	12	粉砂:黄色,饱和,弱透水性,密实状态
-100					黏土:黄色,湿,可塑状态,含钙质结核,微透水~极微透水性
	⑥	-109	109	29	
-119					粉土:黄色,湿,中密状态,弱透水性
	⑦	-129	129	20	
	⑧	-138	138	9	粉细砂:黄色,饱和,中透水性,密实状态
-150	⑨	-151	151	13	粉质黏土:黄色,湿,可塑状态,含钙质结核,弱~微透水性
	⑩	-160	160	9	粉土:黄色,湿,中密状态,弱透水性
	⑪	-177	177	17	细砂:黄色,饱和,中透水性,密实状态
	⑫	-182	182	5	黏土:黄色,湿,弱透水性
	⑬	-190	190	8	细砂:黄色,饱和,中透水性,密实状态
	⑭	-197	197	7	黏土:黄色,湿,可塑状态,含钙质结核,微透水~极微透水性
-200	⑮	-208	208	11	中砂:黄色,饱和,中~强透水性,密实状态
	⑯	-213	213	5	粉质黏土:黄色,湿,可塑状态,含钙质结核,弱~微透水性
	⑰	-221	221	8	细砂:黄色,饱和,中透水性,密实状态
	⑱	-244	244	23	粉质黏土:黄色,湿,可塑状态,含钙质结核,弱~微透水性
-250	⑲	-260	260	16	中砂:黄色,饱和,中~强透水性,密实状态
	⑳	-265	265	5	黏土:黄色,湿,中密状态,弱透水性

柱状图中标注:钢管外径325mm,钻孔直径650mm,外径273mm

说明

1. 根据安徽省阜阳市勘测院提供的《阜南县地城镇中心水厂深井水文地质勘察报告》进行设计。

2. 机井填砾厚度为188.5mm。滤料应选用磨圆度好的硅质砂、砾石填充。滤料上部本水厂按超过滤水管顶10m设计,滤料底部按低于滤水管底部2m设计。滤水管为桥式滤水管,滤水管开孔率为25%,外部包裹80目的滤网两层。不良含水层采用黏土球封闭,直径为25~30mm,填至离地面0.5m时,用混凝土填实,表面用1:3水泥砂浆抹平井口;井管底端采用10mm厚钢板焊接封闭。

3. 管井井管顶角偏斜及出水的含砂量应满足规范要求。

4. 机井完成后应及时洗井,并进行抽水试验。测定井内的动静水位、出水量,抽水过程中的观测时间间隔、水位、水量记录应按抽水试验规范要求进行。

5. 其他未尽事宜详见《村镇供水工程设计规范》及其他相关施工规范。

图例

黏土	粉质黏土
砾料	回填黏土
细砂	中砂
粉土	粉砂
桥式滤管	无缝钢管
粉细砂	

工程名称	地城镇中心水厂	阶段	初设
		部分	土建
图名	水源井柱状图	图号	DCSC-14
设计单位	安徽省阜阳市水利规划设计院	设计时间	2013.5

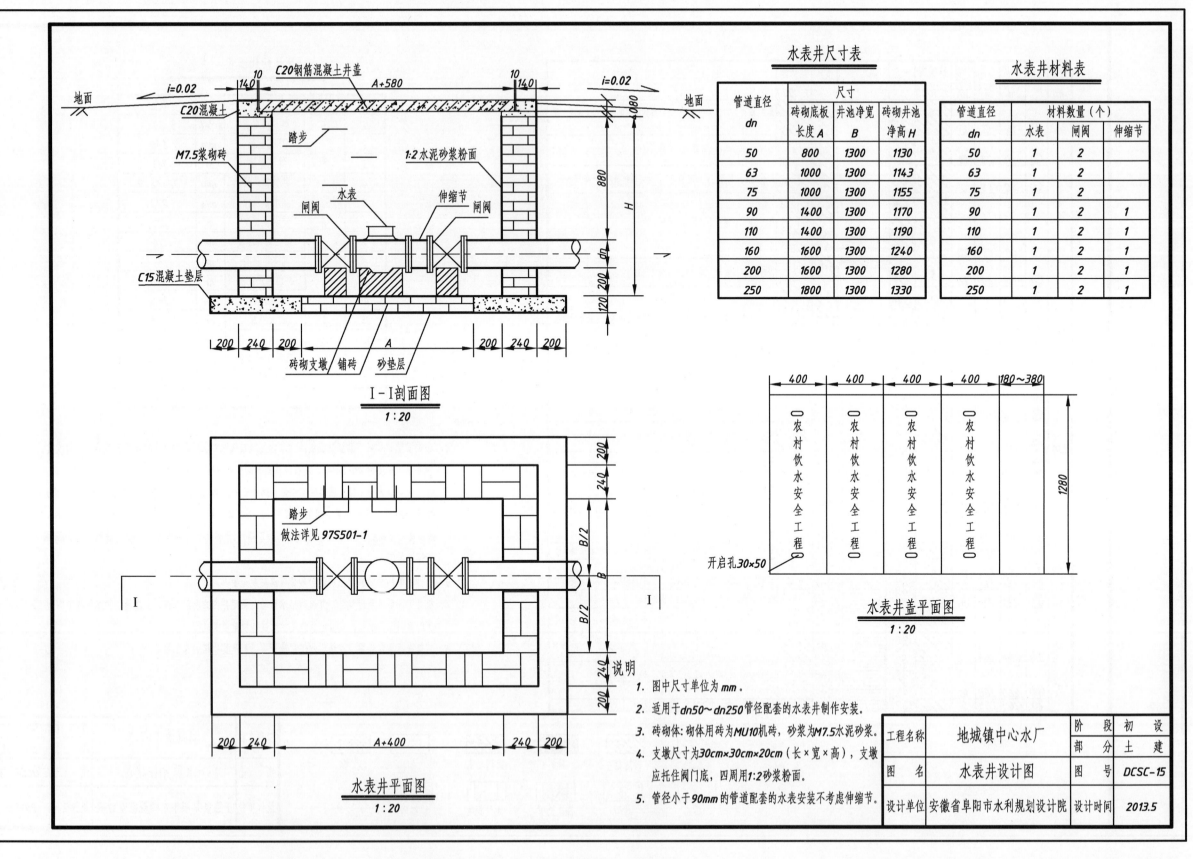

水表井尺寸表

管道直径	尺寸		
dn	砖砌底板长度A	井池净宽B	砖砌井池净高H
50	800	1300	1130
63	1000	1300	1143
75	1000	1300	1155
90	1400	1300	1170
110	1400	1300	1190
160	1600	1300	1240
200	1600	1300	1280
250	1800	1300	1330

水表井材料表

管道直径	材料数量（个）		
dn	水表	闸阀	伸缩节
50	1	2	
63	1	2	
75	1	2	
90	1	2	1
110	1	2	1
160	1	2	1
200	1	2	1
250	1	2	1

C20钢筋混凝土井盖
C20混凝土
M7.5浆砌砖
踏步
1:2水泥砂浆粉面
水表
闸阀　伸缩节　闸阀
C15混凝土垫层
砖砌支墩　铺砖　砂垫层
i=0.02　　　地面
地面

I—I剖面图
1:20

踏步
做法详见97S501-1

水表井平面图
1:20

农村饮水安全工程
开启孔30×50

水表井盖平面图
1:20

说明
1. 图中尺寸单位为mm。
2. 适用于dn50～dn250管径配套的水表井制作安装。
3. 砖砌体：砌体用砖为MU10机砖，砂浆为M7.5水泥砂浆。
4. 支墩尺寸为30cm×30cm×20cm（长×宽×高），支墩应托住阀门底，四周用1:2砂浆粉面。
5. 管径小于90mm的管道配套的水表安装不考虑伸缩节。

工程名称	地城镇中心水厂	阶　段	初　设
		部　分	土　建
图　名	水表井设计图	图　号	DCSC-15
设计单位	安徽省阜阳市水利规划设计院	设计时间	2013.5

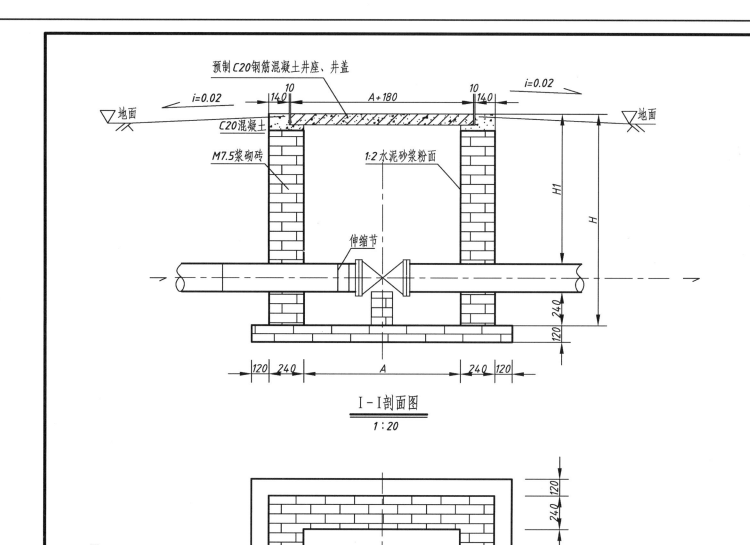

预制C20钢筋混凝土井座、井盖

i=0.02　　A+180　　i=0.02

地面　　　　地面

C20混凝土

M7.5浆砌砖　　1:2水泥砂浆粉面

H1　　H

伸缩节

120　240

120　240　　A　　240　120

I－I剖面图
1:20

伸缩节

120　240

240　120

B

120　240　　A　　240　120

闸阀井平面图
1:20

闸阀井尺寸表

管道直径	闸阀井尺寸		管顶覆土深度 H1	井室深度 H
dn	A	B		
63	1100	1100	1000	1303
75	1100	1100	1000	1315
90	1100	1100	1000	1330
110	1100	1100	1000	1350
160	1100	1100	1000	1400
200	1100	1100	1000	1440
250	1100	1100	1000	1490

说明

1. 图中尺寸单位为mm。

2. 砖砌体：砌体用砖为机砖MU10，砂浆为M7.5水泥砂浆。

3. 闸阀井底部夯实后用砖铺设，用砂填缝。

4. 支墩尺寸为30cm×30cm×24cm（长×宽×高），支墩应托住阀门底，
   四周用1:2水泥砂浆抹面。

工程名称	地城镇中心水厂	阶段	初设
		部分	土建
图名	闸阀井设计图	图号	DCSC-16
设计单位	安徽省阜阳市水利规划设计院	设计时间	2013.5

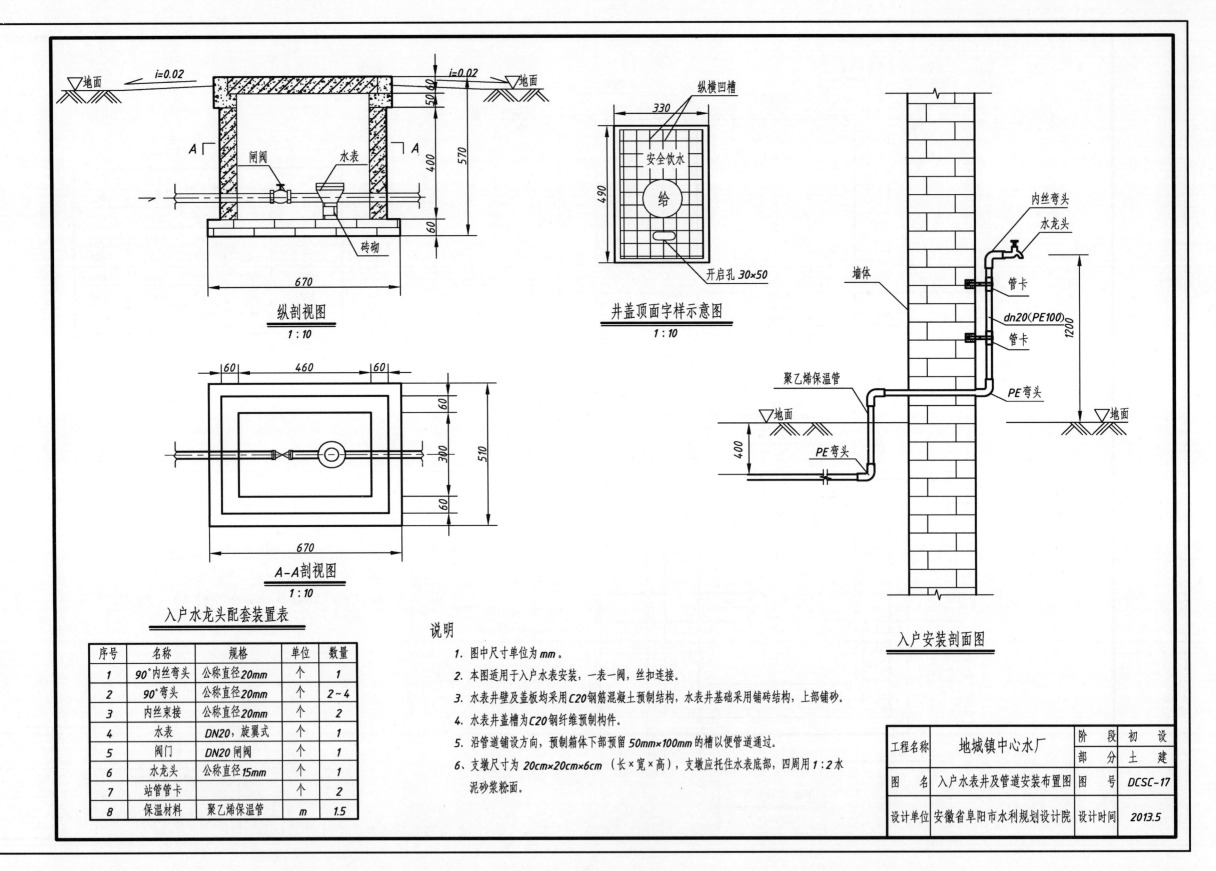

纵剖视图
1:10

A-A剖视图
1:10

井盖顶面字样示意图
1:10

安全饮水

给

开启孔 30×50

入户安装剖面图

入户水龙头配套装置表

序号	名称	规格	单位	数量
1	90°内丝弯头	公称直径20mm	个	1
2	90°弯头	公称直径20mm	个	2～4
3	内丝束接	公称直径20mm	个	2
4	水表	DN20，旋翼式	个	1
5	阀门	DN20闸阀	个	1
6	水龙头	公称直径15mm	个	1
7	站管管卡		个	2
8	保温材料	聚乙烯保温管	m	1.5

说明

1. 图中尺寸单位为mm。

2. 本图适用于入户水表安装，一表一阀，丝扣连接。

3. 水表井壁及盖板均采用C20钢筋混凝土预制结构，水表井基础采用铺砖结构，上部铺砂。

4. 水表井盖槽为C20钢纤维预制构件。

5. 沿管道铺设方向，预制箱体下部预留50mm×100mm的槽以便管道通过。

6. 支墩尺寸为20cm×20cm×6cm（长×宽×高），支墩应托住水表底部，四周用1:2水泥砂浆粉面。

工程名称	地城镇中心水厂	阶 段	初 设
		部 分	土 建
图 名	入户水表井及管道安装布置图	图 号	DCSC-17
设计单位	安徽省阜阳市水利规划设计院	设计时间	2013.5

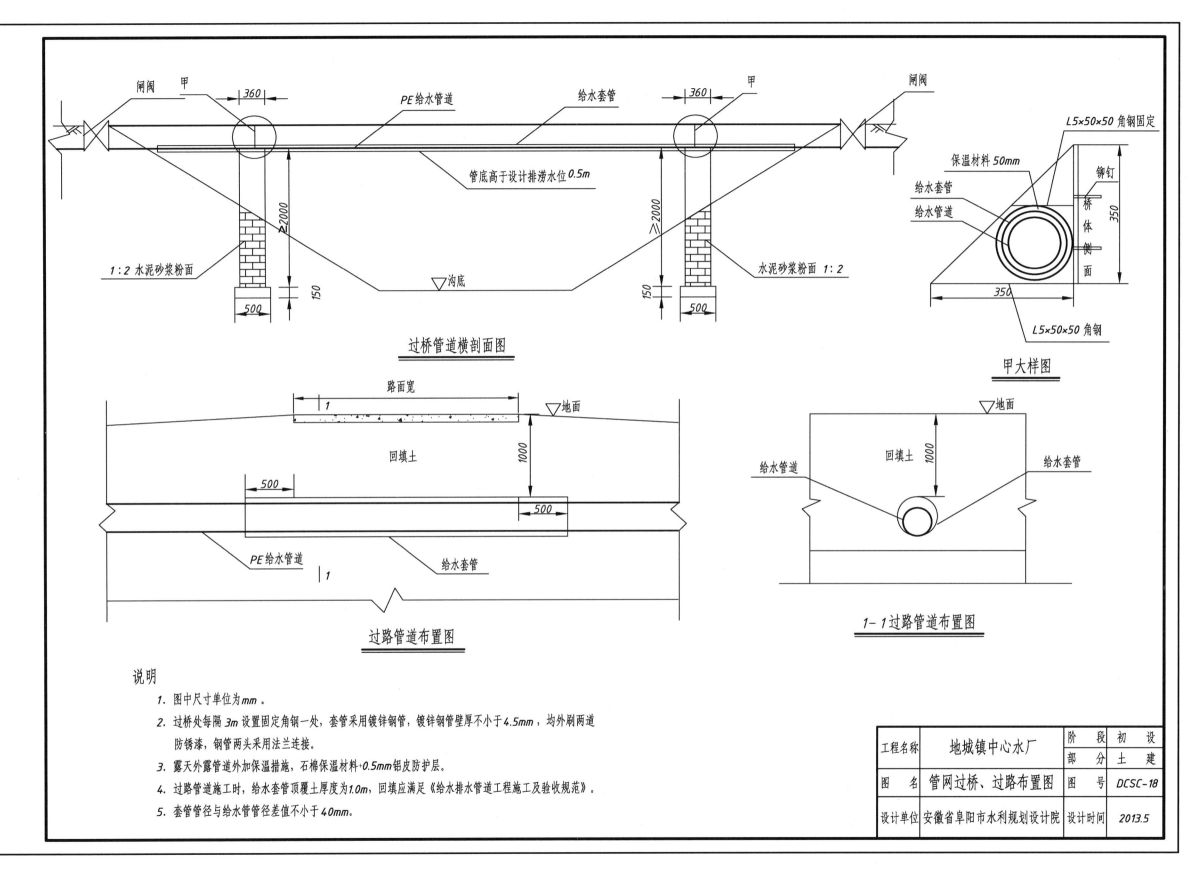

过桥管道横剖面图

过路管道布置图

甲大样图

1-1过路管道布置图

说明

1. 图中尺寸单位为mm。

2. 过桥处每隔3m设置固定角钢一处，套管采用镀锌钢管，镀锌钢管壁厚不小于4.5mm，均外刷两道防锈漆，钢管两头采用法兰连接。

3. 露天外露管道外加保温措施，石棉保温材料+0.5mm铝皮防护层。

4. 过路管道施工时，给水套管顶覆土厚度为1.0m，回填应满足《给水排水管道工程施工及验收规范》。

5. 套管管径与给水管管径差值不小于40mm。

工程名称	地城镇中心水厂	阶 段	初 设
		部 分	土 建
图 名	管网过桥、过路布置图	图 号	DCSC-18
设计单位	安徽省阜阳市水利规划设计院	设计时间	2013.5

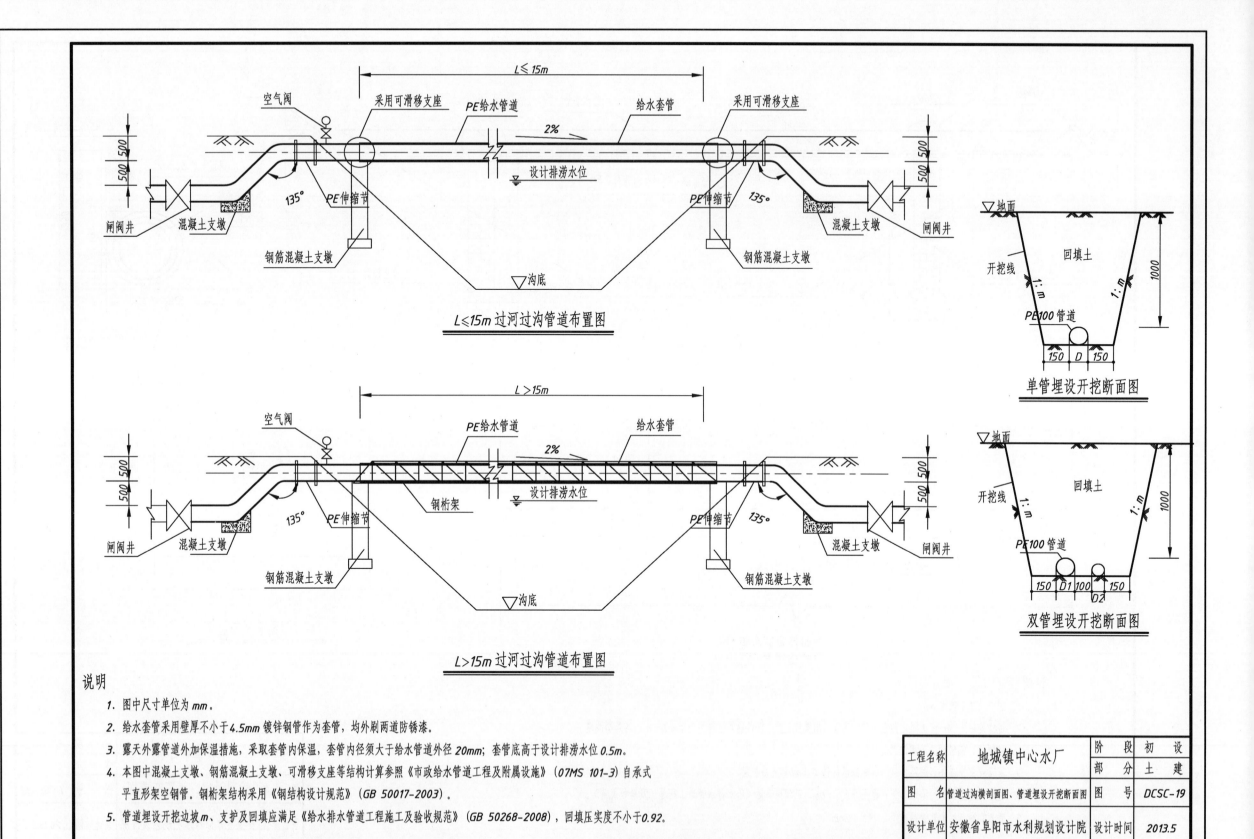

L≤15m 过河过沟管道布置图

L>15m 过河过沟管道布置图

单管埋设开挖断面图

双管埋设开挖断面图

说明

1. 图中尺寸单位为mm。

2. 给水套管采用壁厚不小于4.5mm镀锌钢管作为套管，均外刷两道防锈漆。

3. 露天外露管道外加保温措施，采取套管内保温，套管内径须大于给水管道外径20mm；套管底高于设计排涝水位0.5m。

4. 本图中混凝土支墩、钢筋混凝土支墩、可滑移支座等结构计算参照《市政给水管道工程及附属设施》（07MS 101-3）自承式平直形架空钢管。钢桁架结构采用《钢结构设计规范》（GB 50017-2003）。

5. 管道埋设开挖边坡m，支护及回填应满足《给水排水管道工程施工及验收规范》（GB 50268-2008），回填压实度不小于0.92。

工程名称	地城镇中心水厂	阶 段	初 设
		部 分	土 建
图 名	管道过沟横剖面图、管道埋设开挖断面图	图 号	DCSC-19
设计单位	安徽省阜阳市水利规划设计院	设计时间	2013.5

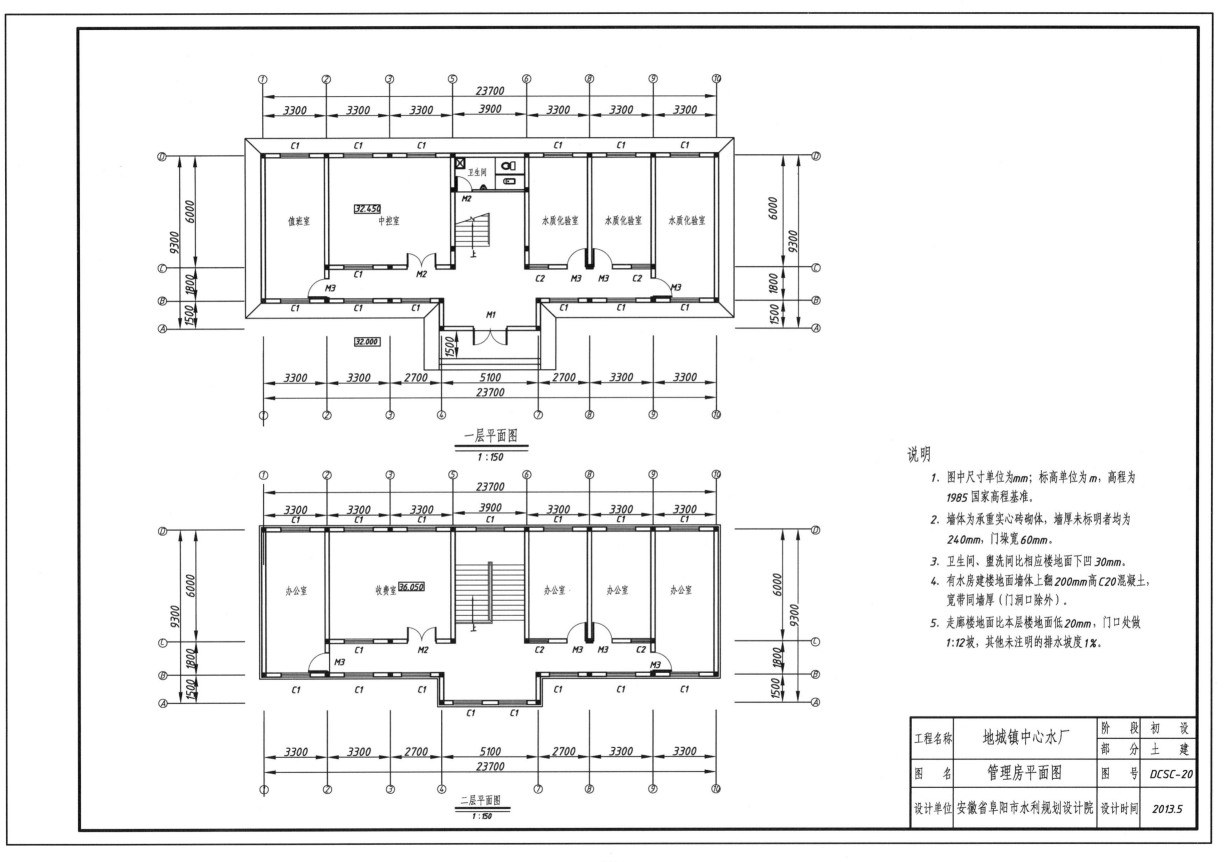

一层平面图
1:150

二层平面图
1:150

说明

1. 图中尺寸单位为mm；标高单位为m，高程为1985国家高程基准。

2. 墙体为承重实心砖砌体，墙厚未标明者均为240mm，门垛宽60mm。

3. 卫生间、盥洗间比相应楼地面下凹30mm。

4. 有水房建楼地面墙体上翻200mm高C20混凝土，宽带同墙厚（门洞口除外）。

5. 走廊楼地面比本层楼地面低20mm，门口处做1:12坡，其他未注明的排水坡度1%。

工程名称	地城镇中心水厂	阶 段	初 设
		部 分	土 建
图 名	管理房平面图	图 号	DCSC-20
设计单位	安徽省阜阳市水利规划设计院	设计时间	2013.5

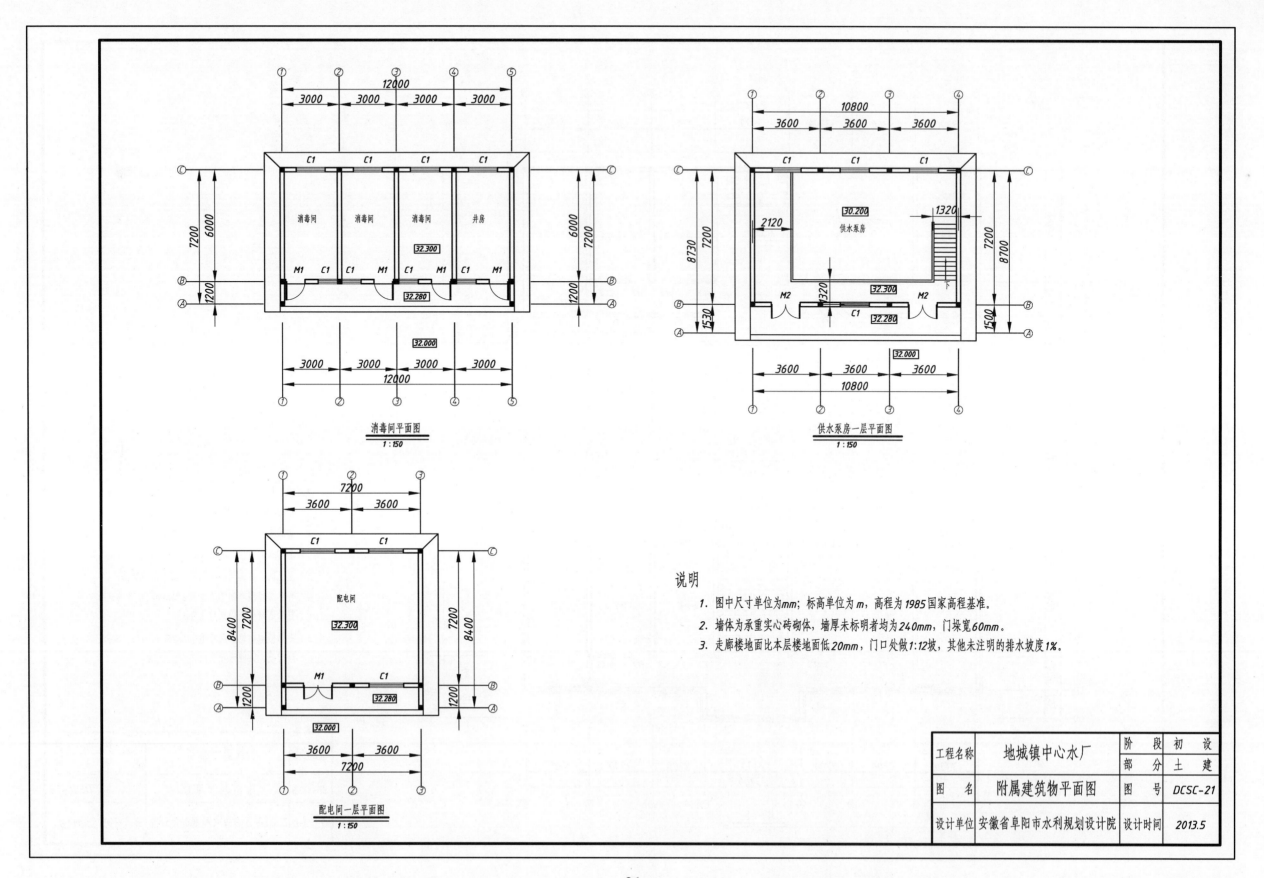

消毒间平面图
1:150

供水泵房一层平面图
1:150

配电间一层平面图
1:150

说明
1. 图中尺寸单位为mm；标高单位为m，高程为1985国家高程基准。
2. 墙体为承重实心砖砌体，墙厚未标明者均为240mm，门垛宽60mm。
3. 走廊楼地面比本层楼地面低20mm，门口处做1:12坡，其他未注明的排水坡度1%。

工程名称	地城镇中心水厂	阶 段	初 设
		部 分	土 建
图 名	附属建筑物平面图	图 号	DCSC-21
设计单位	安徽省阜阳市水利规划设计院	设计时间	2013.5

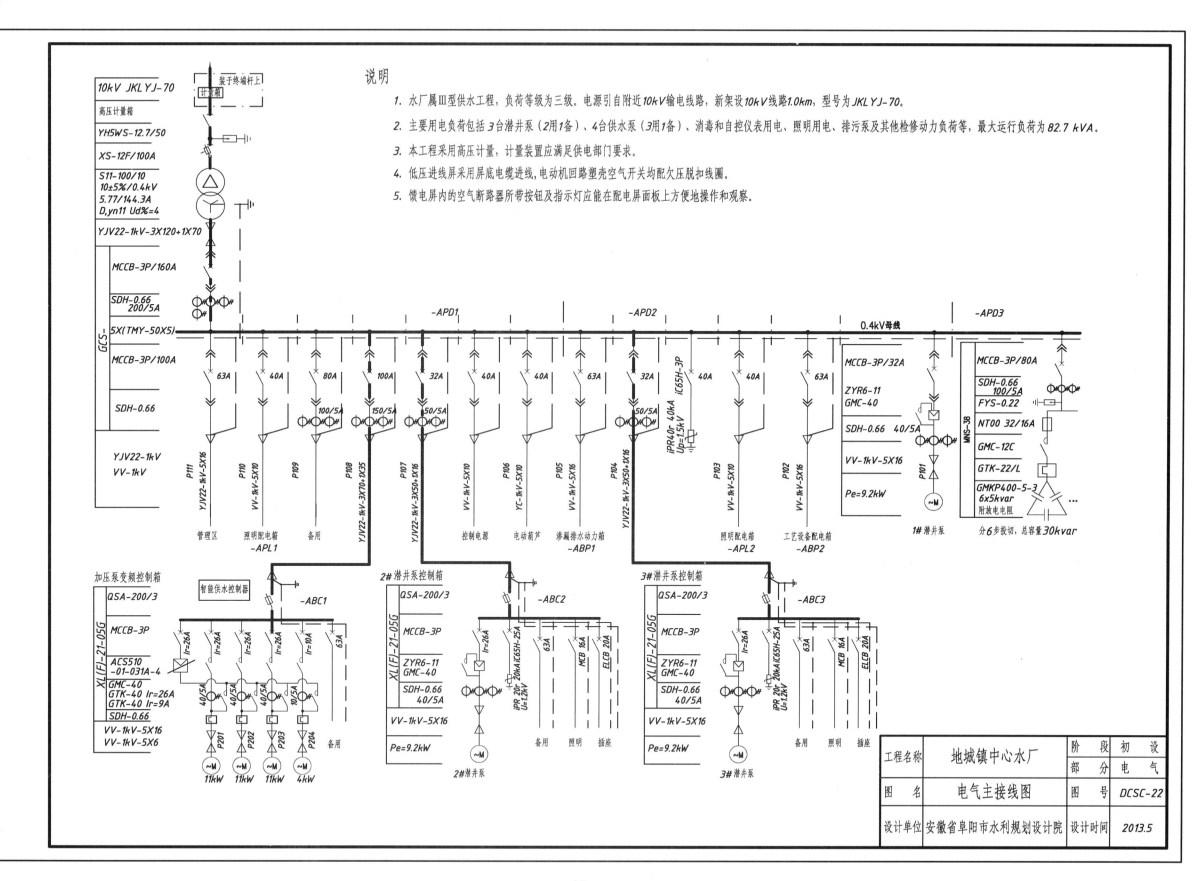

说明

1. 水厂属Ⅲ型供水工程，负荷等级为三级。电源引自附近10kV输电线路，新架设10kV线路1.0km，型号为JKLYJ-70。

2. 主要用电负荷包括3台潜井泵（2用1备）、4台供水泵（3用1备）、消毒和自控仪表用电、照明用电、排污泵及其他检修动力负荷等，最大运行负荷为82.7 kVA。

3. 本工程采用高压计量，计量装置应满足供电部门要求。

4. 低压进线屏采用屏底电缆进线，电动机回路塑壳空气开关均配欠压脱扣线圈。

5. 馈电屏内的空气断路器所带按钮及指示灯应能在配电屏面板上方便地操作和观察。

工程名称	地城镇中心水厂	阶 段	初 设
		部 分	电 气
图 名	电气主接线图	图 号	DCSC-22
设计单位	安徽省阜阳市水利规划设计院	设计时间	2013.5

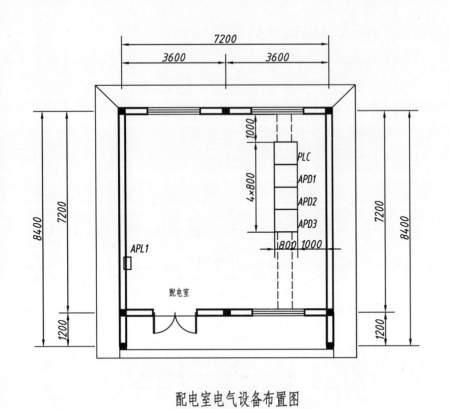

配电室电气设备布置图

1:100

供水泵房电气设备布置图

1:100

主要设备材料表

序号	项目代号	名 称	型号及规格	单位	数量	备 注
1	APD1	低压配电屏	MNS-	只	1	
2	APD2	低压配电屏	MNS-	只	1	
3	APD3	无功功率补偿屏	MNS-	只	1	
4	PLC	现地PLC控制屏		只	1	
5	ABC1	加压泵变频控制箱	XL(F)-21-05G	只	1	
6	ABC2~3	潜井泵控制箱	XL(F)-21-05G	只	2	
7	APL1~2	照明配电箱	PZ30-	只	2	
8	ABP1	渗漏排水动力箱	XL-3-2	只	1	挂壁式安装
9	ABP2	工艺设备配电箱	XL-3-2	只	1	
10	ABC21	消毒设备控制箱		只	1	
11	ABT1	水泵就地按钮箱		只	1	
12		电缆桥架	400X200	m	15	

说明

1. 所有外露金属件均须做防腐处理。

2. 低压配电盘固定方式采用螺栓连接，检修排水动力箱和照明配电箱均采用挂墙式安装。

3. 基础槽钢采用预埋槽钢埋设法，即先预埋带尾扁铁，待基础槽钢调平后与预埋的带尾扁铁焊接；槽钢水平面需高出室内地坪面 15mm。

4. 用 40mm×6mm 热镀锌扁铁将电缆沟内电缆吊（支）架连成一体且不少于二处与主接地网可靠连接。

5. 电缆管管头露出地面或伸出墙面除注明者外皆为 300mm。

6. 室外电缆管埋深不小于 0.8m。

工程名称	地城镇中心水厂	阶 段	初 设
		部 分	电 气
图 名	泵房电气设备布置图	图 号	DCSC-23
设计单位	安徽省阜阳市水利规划设计院	设计时间	2013.5

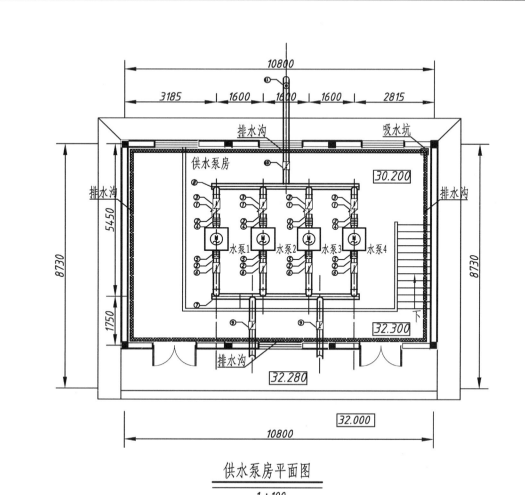

供水泵房平面图
1:100

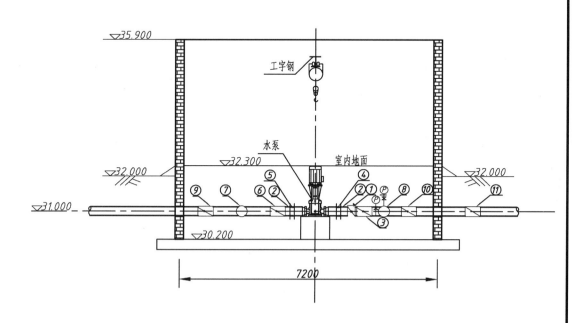

供水泵房工艺剖面图
1:80

主要材料设备表

序号	名　称	型号及规格	单位	数量	备　注
①	多功能缓闭止回阀	DN100	只	4	
②	短管		只	8	
③	对夹式蝶阀	DN100	只	4	
④	软接		只	4	3大1小供水泵出口段配套软接
⑤	软接		只	4	3大1小供水泵进口段配套软接
⑥	对夹式蝶阀	DN100	只	4	
⑦	集水器	DN400×5200	个	1	
⑧	分水器	DN400×5200	个	1	
⑨	涡轮对夹蝶阀	DN250	只	2	安装在集水器前配水管道
⑩	涡轮对夹蝶阀	DN250	只	1	安装在分水器后供水管道
⑪	电磁流量计	DN250	只	1	

说明

1. 图中尺寸单位为mm；标高单位为m，高程为1985国家高程基准。

2. 墙体为承重实心砖砌体，墙厚未标明者均为240mm，门垛宽60mm。

3. 水泵1安装时应增加一个偏心异径管接头。

4. 钢管防腐：管道内防腐应采用国家相关标准。

5. 供水泵房进、出水管道穿越墙体时应做套管。

6. 管道施工完毕后，应根据规范要求及时进行水压试验及消毒。

工程名称	地城镇中心水厂	阶　段	初　设
		部　分	土　建
图　名	供水泵房工艺设备布置图	图　号	DCSC-24
设计单位	安徽省阜阳市水利规划设计院	设计时间	2013.5

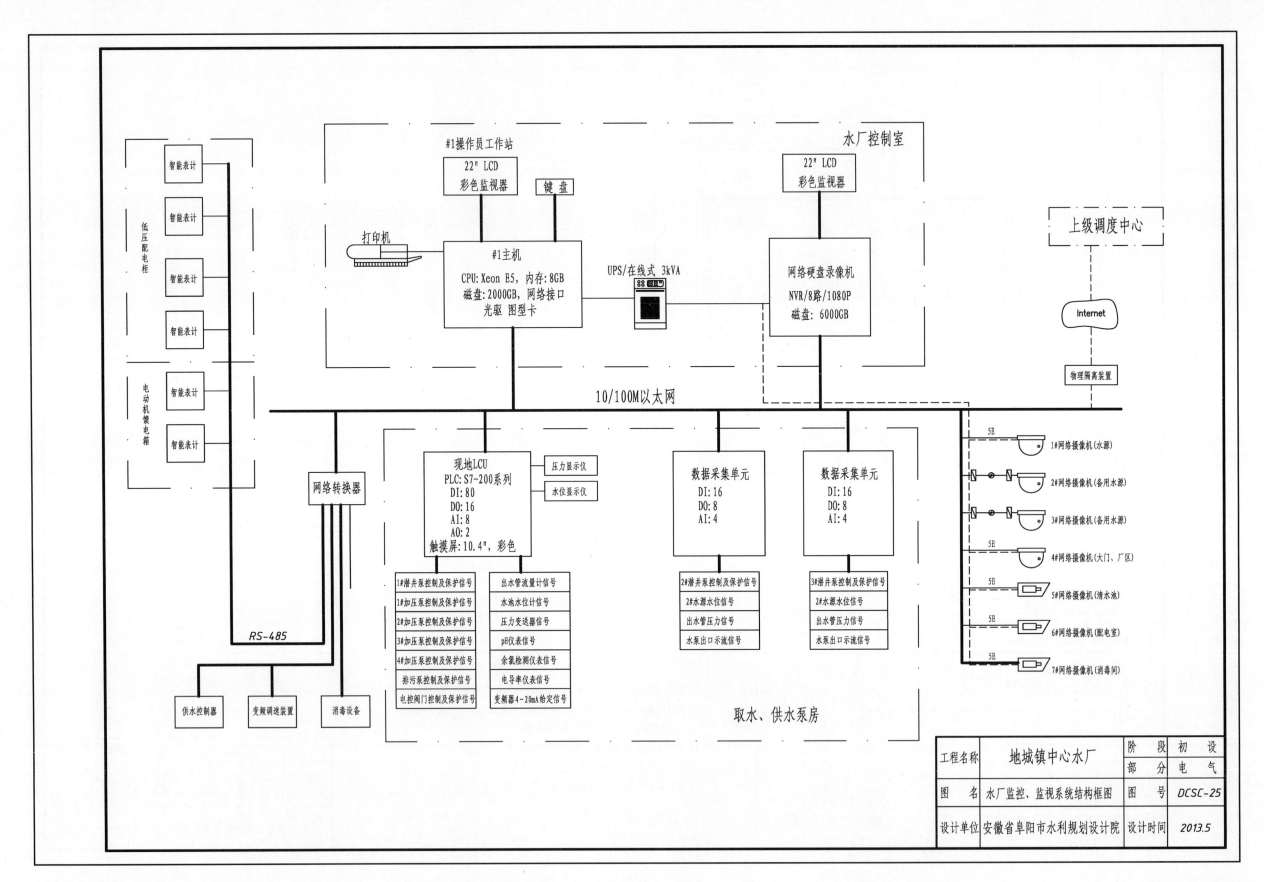

水厂控制室

#1操作员工作站

22" LCD
彩色监视器

键盘

打印机

#1主机

CPU: Xeon E5, 内存: 8GB
磁盘: 2000GB, 网络接口
光驱 图型卡

UPS/在线式 3kVA

22" LCD
彩色监视器

网络硬盘录像机

NVR/8路/1080P
磁盘: 6000GB

上级调度中心

Internet

物理隔离装置

低压配电柜

智能表计

电动机馈电箱

10/100M以太网

网络转换器

RS-485

供水控制器

变频调速装置

消毒设备

现地LCU

PLC: S7-200系列
DI: 80
DO: 16
AI: 8
AO: 2
触摸屏: 10.4", 彩色

压力显示仪

水位显示仪

数据采集单元

DI: 16
DO: 8
AI: 4

数据采集单元

DI: 16
DO: 8
AI: 4

1#潜井泵控制及保护信号	出水管流量计信号	
1#加压泵控制及保护信号	水池水位计信号	
2#加压泵控制及保护信号	压力变送器信号	
3#加压泵控制及保护信号	pH仪表信号	
4#加压泵控制及保护信号	余氯检测仪表信号	
排污泵控制及保护信号	电导率仪表信号	
电控阀门控制及保护信号	变频器4~20mA给定信号	

2#潜井泵控制及保护信号
2#水源水位信号
出水管压力信号
水泵出口示流信号

3#潜井泵控制及保护信号
2#水源水位信号
出水管压力信号
水泵出口示流信号

取水、供水泵房

5E 1#网络摄像机(水源)
5E 2#网络摄像机(备用水源)
5E 3#网络摄像机(备用水源)
5E 4#网络摄像机(大门、厂区)
5E 5#网络摄像机(清水池)
5E 6#网络摄像机(配电室)
5E 7#网络摄像机(消毒间)

工程名称	地城镇中心水厂	阶 段	初 设
		部 分	电 气
图 名	水厂监控、监视系统结构框图	图 号	DCSC-25
设计单位	安徽省阜阳市水利规划设计院	设计时间	2013.5

仪表及自控系统主要设备材料表

序号	名　称	型号规格	单位	数量	备　注
1	电接点压力表	YXC-100	只	1	
2	水位传感器	0~1MPa，4 20mA	只	3	含显示仪表
3	清水池液位计	0~10M，4 20mA	只	3	含显示仪表，配浮球电接点
4	压力传感器	0~10M，4 20mA	只	2	含显示仪表
5	流量计	0.2~15m/s，4 20mA	台	1	含显示仪表
6	二氧化氯发生器	HCB-75	台	2	复合环控，备用1台
7	二氧化氯余氯分析仪	LDCL ECL6/E	套	1	侦测范围：0~10mg/L，采样水流:40l/h LCD显示及控制，4~20mA输出
8	pH分析仪	LPH+EPHM	套	1	pH：0~14 pH，侦测、LCD显示及控制，4~20mA输出
9	低浊度分析仪	LDTORB+ETORB/40	套	1	浊度：0~14NTU，浊度侦测、LCD显示及控制，4~20mA 输出
10	操作员工作站		台	1	
11	打印机		台	1	打印A4纸
12	操作台	3席组合，2000×1100	套	1	
13	UPS电源	3kVA/1h	台	1	
14	智能供水控制器		台	1	
15	现地PLC控制柜		套	1	
	PLC模块	DI：80点，DO：16点 AI：8点，AO：2点	套	1	
	触摸屏	10.4寸，彩色，以太网接口	台	1	以太网接口
	开关电源	DC24V输出，5A	台	2	
	中间继电器	DC24V，5A	台	16	
16	数据采集单元	DI：16点，DO：8点 AI：4点	套	2	
17	系统软件	系统、编程、组态软件	套	1	
18	网络设备		套	1	16口交换机、串口服务器
19	高清高速球摄像机		台	4	1/2.8Exmor CMOS 18倍光学变焦，最低 照度:0.8~0.01Lux，分辨率:1080P
20	高清固定摄像机		台	3	1/2.8Exmor CMOS 18倍光学变焦，最低 照度:0.8~0.01Lux，分辨率:1080P
21	网络硬盘录像机		台	1	含软件
22	仪表及传感器线缆	DJYPVPR 22 4×2×1.5	m	400	
23	控制线缆	KVVP22 10×1.5	m	500	
24	网络线缆		m	600	超五类四对屏蔽双绞线
25	单模光纤		m	1300	4芯铠装，含首发器及辅材
26	电源线缆	RVV2×1.5	m	500	
27	传真机		台	1	
28	程控电话		台	2	
29	防雷及接地系统		套	1	

水厂主要电气设备材料表

序号	名　称	型号规格	单位	数量
1	10kV线路	JKLYJ-70	km	1
2	跌落式熔断器	XS-12F	组	2
3	避雷器	YH5WS-12.7/50	组	2
4	计量箱	JLSZVW8-10G	只	1
5	变压器	S11-100/10	台	1
6	低压配电屏	MNS-	块	2
7	无功功率补偿屏	MNS-	块	1
8	变频电机控制箱		块	1
9	潜井泵控制箱		块	2
10	动力配电箱	XL3-2（改）	只	3
11	照明配电箱	PZ30（R）	只	2
12	电力电缆	YJV-22-1kV-3×120+1×70	m	80
13	电力电缆	YJV-22-1kV-3×70+1×35	m	80
14	电力电缆	YJV22-1kV-3×50+1×16	m	1100
15	电力电缆	VV-1kV-3×25-1×16	m	80
16	电力电缆	VV-1kV-5×16	m	160
17	电力电缆	VV-1kV-5×10	m	80
18	绝缘电线	BV-2.5	m	800
19	室内照明灯具		套	15
20	室外照明灯具		套	10
21	开关、插座		套	50
22	塑料阻燃管	PVC25	m	60
23	接地扁铁	40×6	m	300
24	镀锌圆钢	Ø10	m	200
25	水煤气管	SC100	m	80
26	水煤气管	SC50	m	80
27	水煤气管	SC25	m	40
28	电缆桥架	400×200	m	20

工程名称	地城镇中心水厂	阶　段	初设
		部　分	电气
图　名	电气、仪控主要设备材料表	图　号	DCSC-26
设计单位	安徽省阜阳市水利规划设计院	设计时间	2013.5

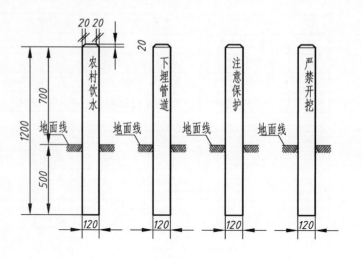

供水管道标志桩
1:20

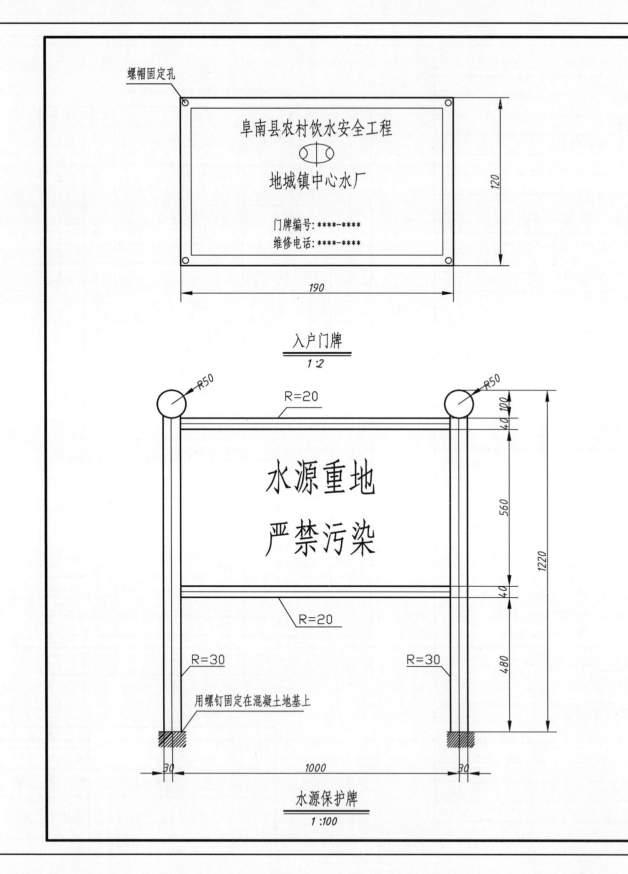

螺帽固定孔

阜南县农村饮水安全工程

地城镇中心水厂

门牌编号：****－****
维修电话：****－****

120

190

入户门牌
1:2

R50   R=20   R50

100 40

560

40

水源重地
严禁污染

1220

R=20

R=30   R=30

480

用螺钉固定在混凝土地基上

30   1000   30

水源保护牌
1:100

说明

1. 图中尺寸单位为mm。

2. 水源保护标志桩框为壁厚0.5mm以上不锈钢圆管焊接加工而成；
   底部材质为不锈钢板，字牌为蓝底白色黑体字。

3. 入户门牌为铁质蓝底白色宋体字，厚度不小于0.4mm，四角用
   混凝土钉固定在用户墙上。

4. 管道标志桩为C15以上钢筋混凝土预制桩。

工程名称	地城镇中心水厂	阶 段	初 设
		部 分	土 建
图 名	水厂、入户门牌及供水管道标志桩	图 号	DCSC-27
设计单位	安徽省阜阳市水利规划设计院	设计时间	2013.5

二、六安市舒城县荷花堰水厂

（一）工程简介

荷花堰水厂位于舒城县万佛湖镇境内，供水范围覆盖万佛湖全镇，棠树乡的八里等4个行政村及阙店乡的神墩等4个行政村，设计供水人口59376人，设计规模为5000 m³/d。水厂项目法人为舒城县农村饮水安全工作领导小组办公室，设计单位为上海市政工程设计研究总院（集团）第六设计院有限公司。

供水区域内现状地表水及地下水污染较重，不适宜作为饮用水水源。

根据供水水质要求及当地实际情况，选定龙河口水库为荷花堰水厂供水水源。龙河口水库设计洪水位71.51 m（采用吴淞高程系），防洪库容5.29 亿m³；正常蓄水位68.3 m，兴利库容4.67 亿m³；死水位53.0 m，死库容0.49 亿m³。龙河口水库水质良好，水质达到《地表水环境质量标准》（GB 3838-2002）Ⅱ类水质标准，且供水保证率高，达到97%以上。

结合原水水质情况以及供水水质要求，在净水厂中采用常规净化工艺（混凝、沉淀、过滤、消毒），可保证出厂水水质达到《生活饮用水卫生标准》（GB 5749-2006）。

净水厂工艺流程如下图所示：

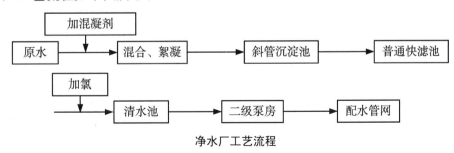

净水厂工艺流程

本工程于2013年9月开工建设，于2014年12月基本完成。

（二）工程特性表

序号	项目名称	单位	数值	备注
一	工程技术经济指标			
1	建设性质			新建
2	设计年限	a	15	
3	供水规模	m³/d	5000	
4	年供水量	10⁴m³/a	1217	

序号	项目名称	单位	数值	备注
5	供水受益行政村数	个	28	1. 万佛湖镇（街道居委会及汪湾、邵院、友谊、廖冲、范店、高潮、蔡塘、独山、长岗、沃孜、闸口、九井、大塘、龙河、羊山、白畈、梅岭、荷花、白六等行政村）；2. 棠树乡（桂花、洪院、八里、刘院等行政村）；3. 阙店乡（枫岭、管岭、何店、神墩等行政村）
6	供水受益居民人数	人	59376	
7	受益学校师生人数	人	5930	
8	居民生活用水定额	L／人·d	60	
9	人均综合用水量	L／人·d		
10	最小服务水头	m	15	
11	时变化系数 K_h		2.0	
12	日变化系数 K_d		1.5	
13	设计概算投资	万元	3114.18	
14	人均投资	元／人	523.1	
二	主要工程及设备			详见图集工艺主要材料及设备清单表
三	工程概算	万元	3114.18	
四	供水成本	元/m³	1.25	

（三）专家点评

1. 设计特点

（1）根据水库水源水位变化大、岸坡陡等特点，取水构筑物采用浮船式。

（2）净水工艺采用"折板絮凝+斜管沉淀+普通快滤池过滤"方式，工艺成熟、效果稳定、管理方便，在我省以地表水为水源的供水工程中有一定的代表性。

（3）根据厂区及进出水管路特征，净水厂工艺布置采用回转型，布置合理。

2. 适用范围

适用于以化学成分不超标，浊度长期不超过500NTU、瞬间不超过1000NTU地表水为水源的供水工程。

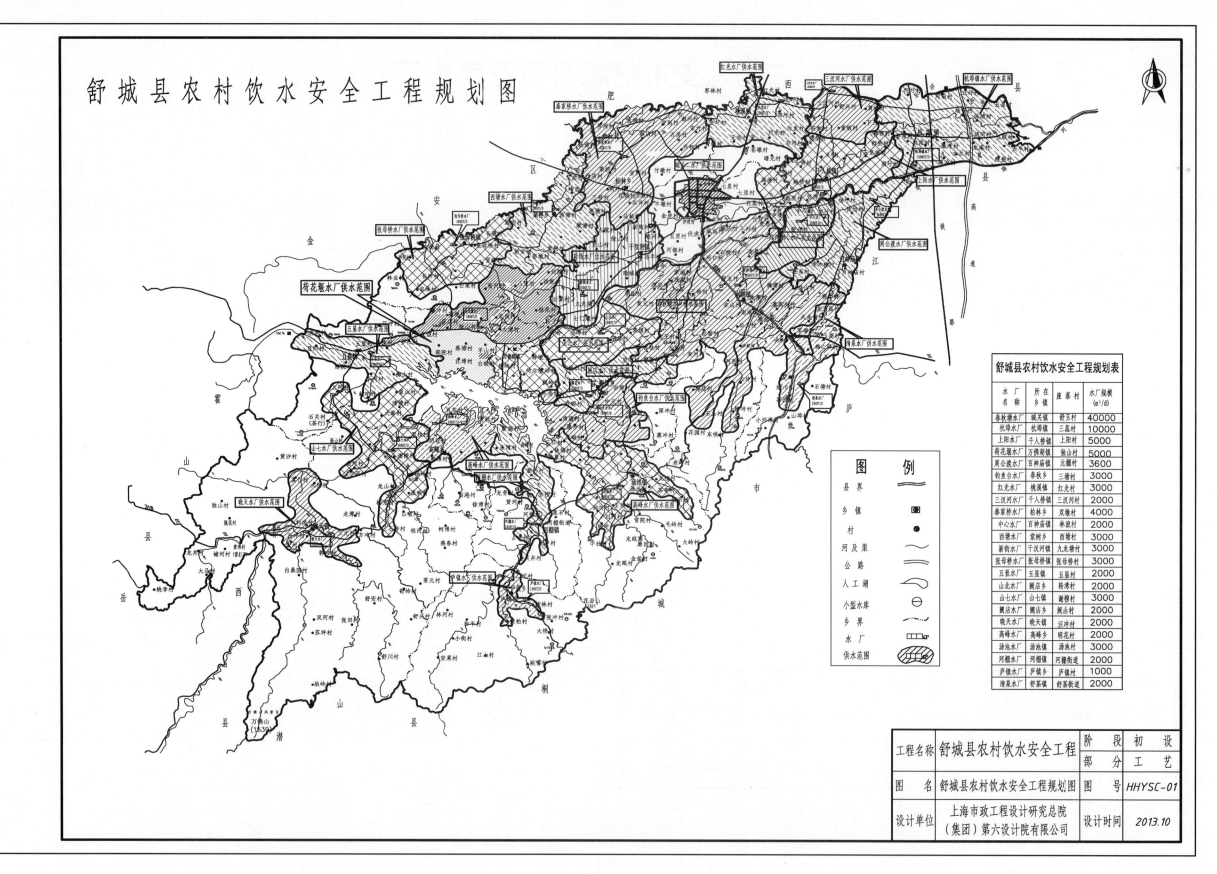

舒城县农村饮水安全工程规划图

图例

县界	
乡镇	
村	
河及渠	
公路	
人工湖	
小型水库	
乡界	
水厂	
供水范围	

舒城县农村饮水安全工程规划表

水厂名称	所在乡镇	座落村	水厂规模(m³/d)
春秋塘水厂	城天镇	舒玉村	40000
杭埠水厂	杭埠镇	三荔村	10000
上阳水厂	千人桥镇	上阳村	5000
荷花塘水厂	万佛湖镇	独山村	5000
周公渡水厂	百神庙镇	元瞳村	3600
钓鱼台水厂	春秋乡	三塘村	3000
红光水厂	晓溪镇	红光村	3000
三汊河水厂	千人桥镇	三汊河村	2000
秦家桥水厂	百神庙镇	双墩村	4000
中心水厂	百神庙镇	林波村	2000
西塘水厂	棠树乡	西塘村	3000
新街水厂	干汊河镇	九龙塘村	3000
张母桥水厂	张母桥镇	张母桥村	3000
五显水厂	五显镇	五显村	2000
山北水厂	阙店乡	转湾村	2000
山七水厂	山七镇	谢榜村	3000
阙店水厂	阙店乡	阙店村	2000
晓天水厂	晓天镇	汪冲村	2000
高峰水厂	高峰乡	明花村	2000
汤池水厂	汤池镇	汤池村	3000
河棚水厂	河棚街道	河棚村	2000
庐镇水厂	庐镇乡	庐镇村	1000
清泉水厂	舒茶镇	舒茶街道	2000

工程名称	舒城县农村饮水安全工程	阶 段	初 设
		部 分	工 艺
图 名	舒城县农村饮水安全工程规划图	图 号	HHYSC-01
设计单位	上海市政工程设计研究总院(集团)第六设计院有限公司	设计时间	2013.10

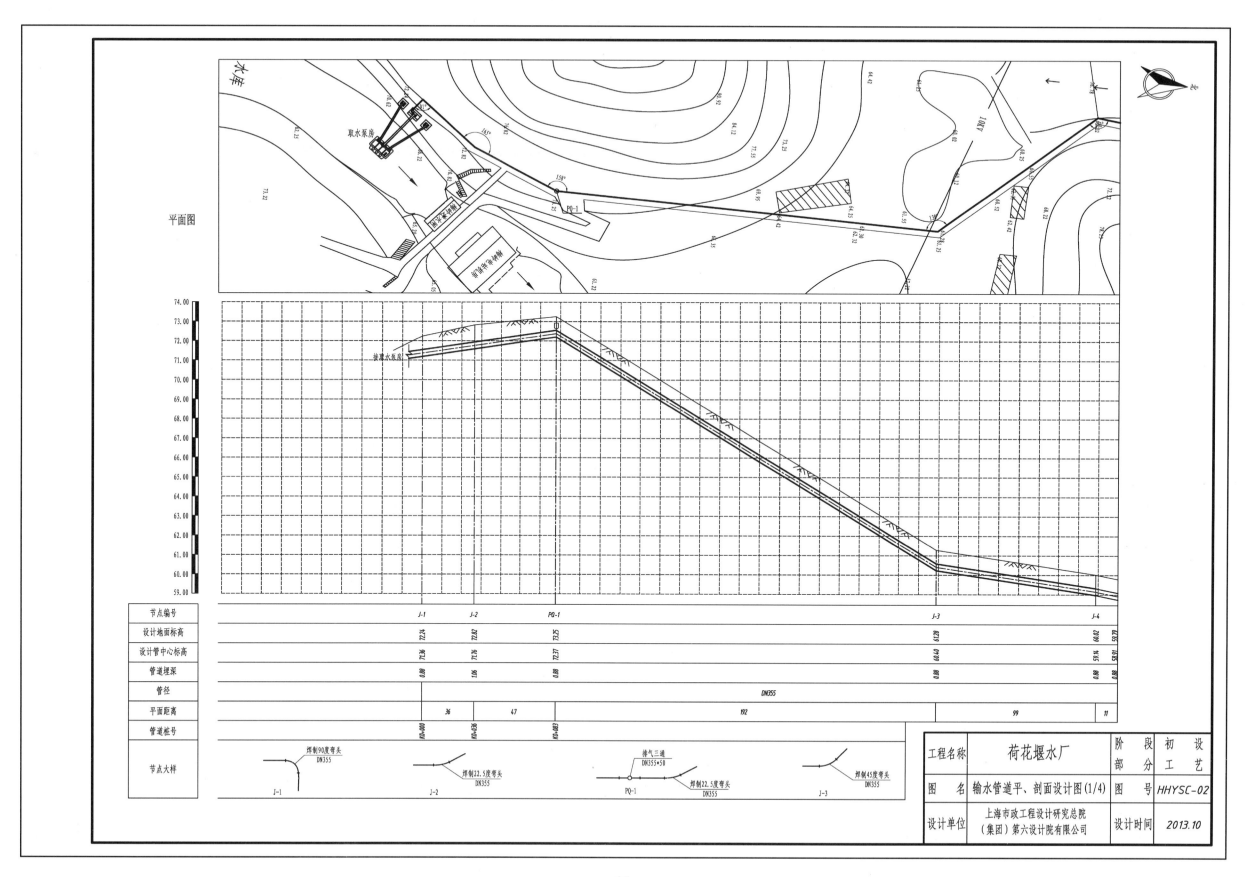

平面图

水库

取水泵房

接取水泵房

节点编号		J-1	J-2	PQ-1	J-3	J-4
设计地面标高		72.24	72.82	73.25	60.82	60.02 / 59.79
设计管中心标高		71.36	71.76	72.37	60.74	59.14 / 58.91
管道埋深		0.88	1.06	0.88	0.88	0.88 / 0.88
管径				DN355		
平面距离			36	47	192	99	11
管道桩号		K0+000	K0+036	K0+083		
节点大样		焊制90度弯头 DN355 J-1	焊制22.5度弯头 DN355 J-2	潜气三通 DN355*50 焊制22.5度弯头 DN355 PQ-1	焊制45度弯头 DN355 J-3	

工程名称	荷花堰水厂	阶 段	初 设
		部 分	工 艺
图 名	输水管道平、剖面设计图(1/4)	图 号	HHYSC-02
设计单位	上海市政工程设计研究总院(集团)第六设计院有限公司	设计时间	2013.10

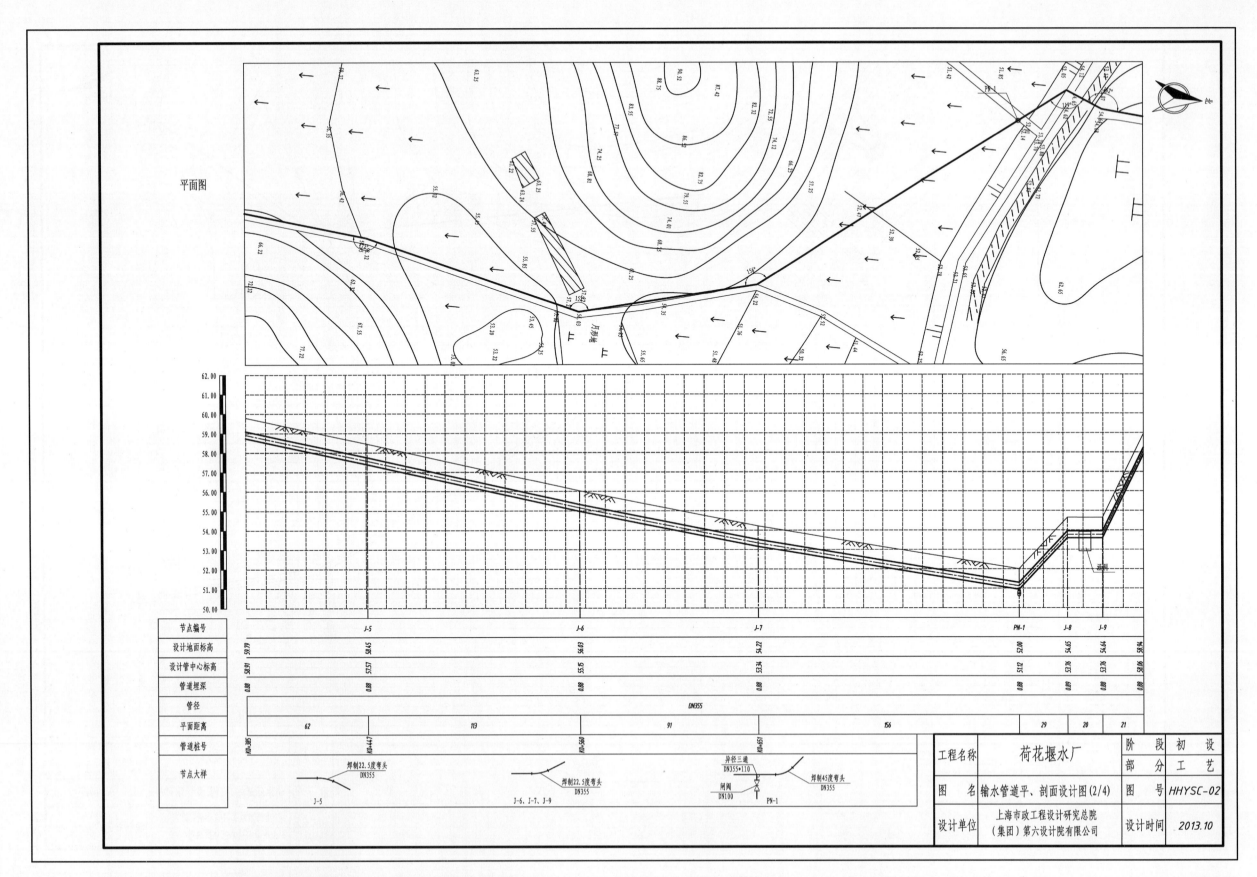

平面图

节点编号		J-5		J-6		J-7		PN-1	J-8	J-9
设计地面标高	59.79	58.45		56.63		54.22		55.00	54.76	54.64
设计管中心标高	58.91	57.57		55.55		53.41		54.12	53.96	53.56
管道埋深	0.88	0.88		0.88		0.88		0.88	0.80	0.88
管径					DN355					
平面距离		62		113		91		156	29	20	21
管道桩号	K0+385	K0+447		K0+695		K0+657				
节点大样		焊制22.5度弯头 DN355 J-5		焊制22.5度弯头 DN355 J-6、J-7、J-9				异径三通 DN355*110 闸阀 DN100 PN-1	焊制45度弯头 DN355	

工程名称	荷花堰水厂	阶 段	初 设
		部 分	工 艺
图 名	输水管道平、剖面设计图(2/4)	图 号	HHYSC-02
设计单位	上海市政工程设计研究总院 (集团)第六设计院有限公司	设计时间	2013.10

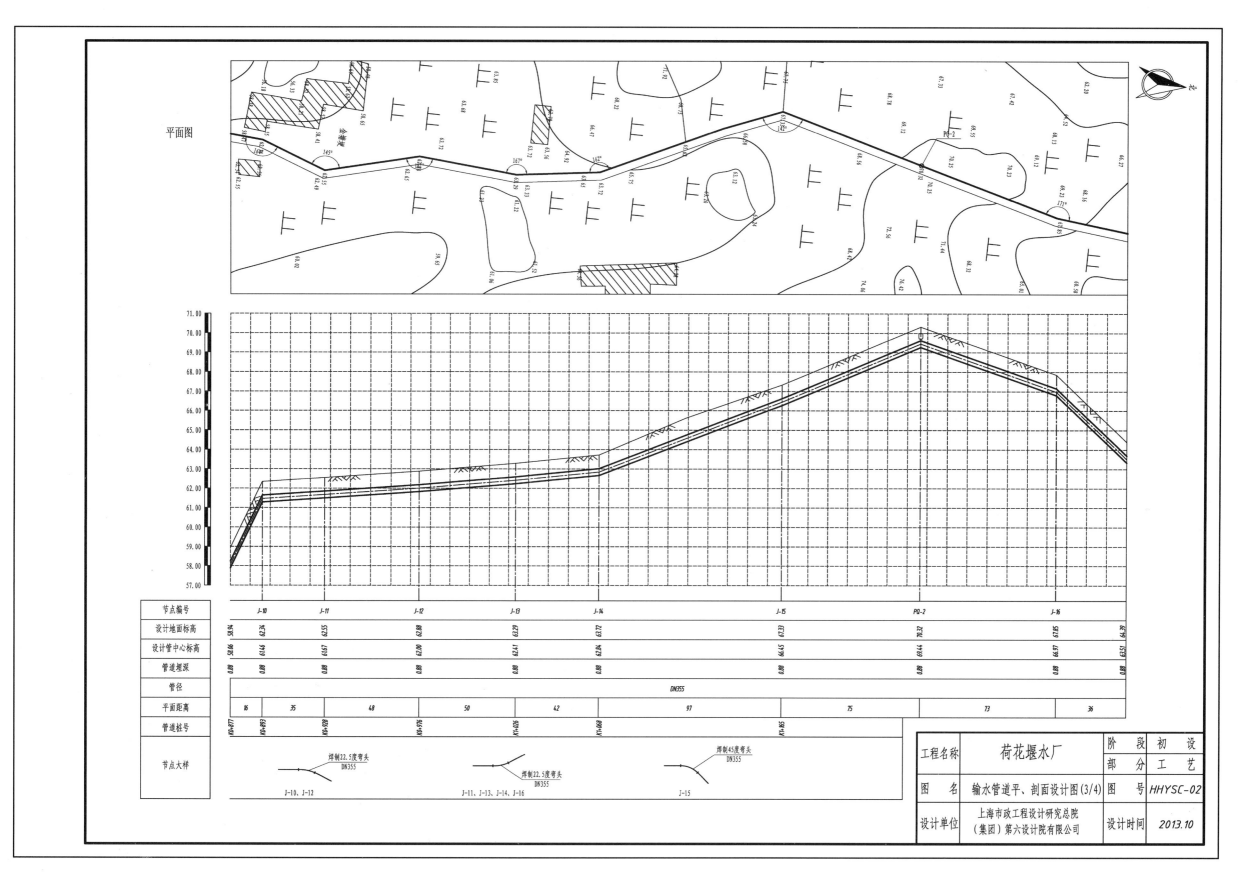

平面图

节点编号	J-10	J-11	J-12	J-13	J-14	J-15	PQ-2	J-16	
设计地面标高	58.94	62.34	55.29	62.80	62.79	63.72	67.33	67.32	67.59	66.39
设计管中心标高	58.06	61.46	61.67	62.00	61.79	62.79	66.45	66.44	66.97	65.51
管道埋深	0.88	0.88	0.88	0.88	0.88	0.88	0.88	0.88	0.88
管径					DN355				
平面距离	16	35	48	50	42	97	75	73	36
管道桩号	K0+877	K0+893	K0+928	K0+976	K1+026	K1+068	K1+165		

节点大样

焊制22.5度弯头
DN355

J-10、J-12

焊制22.5度弯头
DN355

J-11、J-13、J-14、J-16

焊制45度弯头
DN355

J-15

工程名称	荷花堰水厂	阶　段	初　设
		部　分	工　艺
图　名	输水管道平、剖面设计图(3/4)	图　号	HHYSC-02
设计单位	上海市政工程设计研究总院 (集团)第六设计院有限公司	设计时间	2013.10

- 37 -

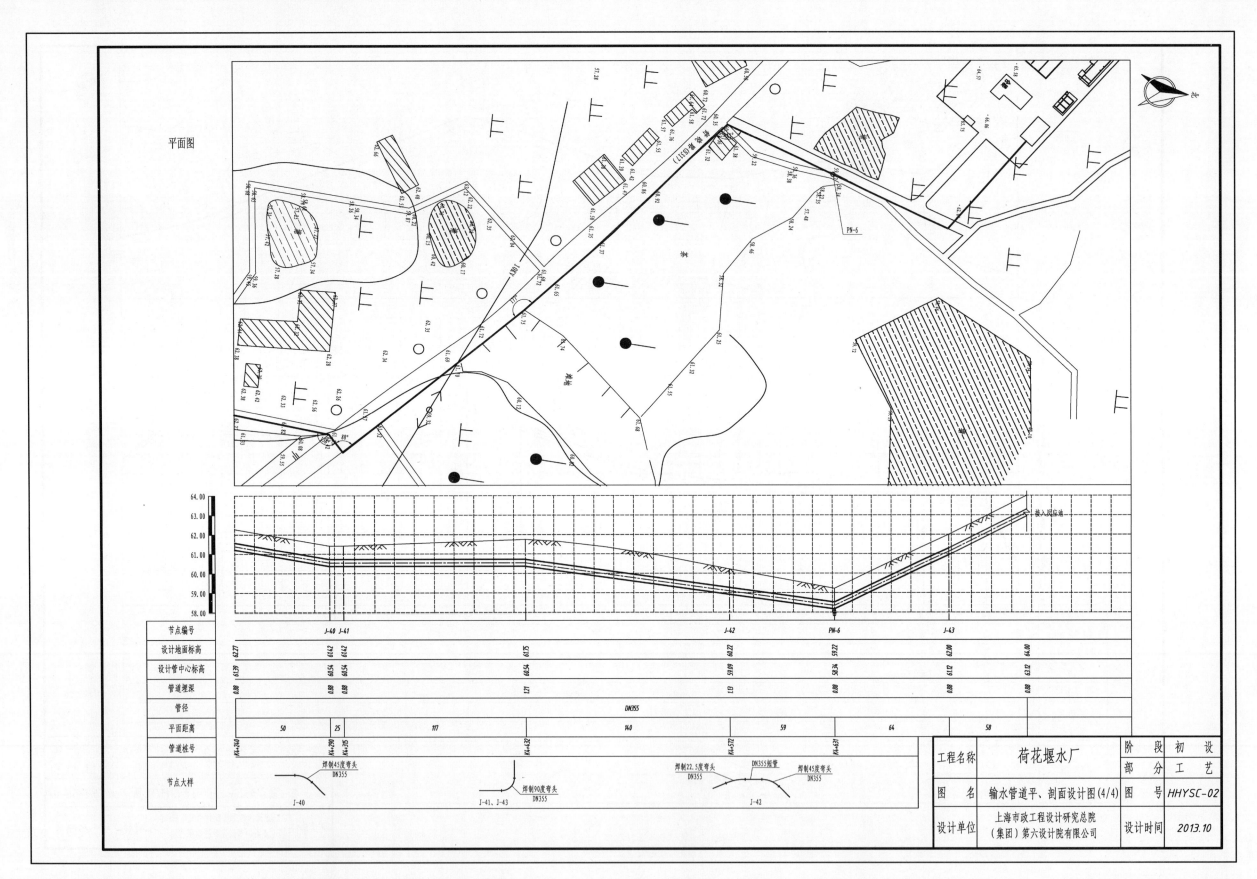

平面图

节点编号			J-40 J-41		J-42	PN-6	J-43	
设计地面标高		62.27	61.42 61.42	61.75	62.02	65.22	62.00	64.00
设计管中心标高		61.39	60.54 60.54	60.54	60.95	58.34	61.20	63.23
管道埋深		0.88	0.88 0.88	1.21	1.8	0.88	0.8	0.8
管径					DN355			
平面距离		50	25	117	140	59	64	58
管道桩号		K4+240	K4+290 K4+315		K4+432		K4+631	
节点大样								

接入回应池

焊制45度弯头
DN355

J-40

焊制90度弯头
DN355

J-41、J-43

焊制22.5度弯头
DN355

DN355短管

焊制45度弯头
DN355

J-42

工程名称	荷花堰水厂	阶　段	初　设
		部　分	工　艺
图　名	输水管道平、剖面设计图(4/4)	图　号	HHYSC-02
设计单位	上海市政工程设计研究总院 (集团)第六设计院有限公司	设计时间	2013.10

PN-6

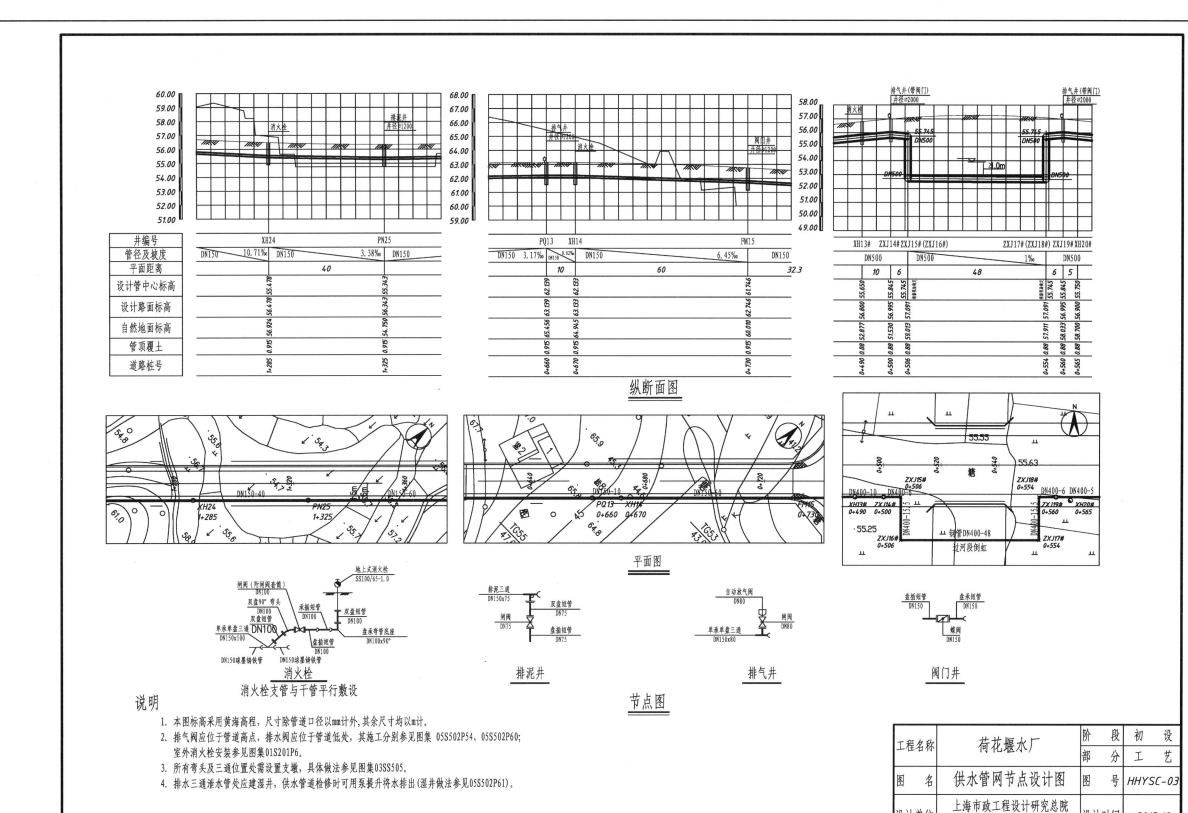

纵断面图

平面图

节点图

消火栓
消火栓支管与干管平行敷设

排泥井

排气井

阀门井

说明
1. 本图标高采用黄海高程，尺寸除管道口径以mm计外，其余尺寸均以m计。
2. 排气阀应位于管道高点，排水阀应位于管道低处，其施工分别参见图集 05S502P54、05S502P60；室内消火栓安装参见图集01S201P6。
3. 所有弯头及三通位置处均需设置支墩，具体做法参见图集03SS505。
4. 排水三通泄水管处应建湿井，供水管道检修时可用泵提升将水排出（湿井做法参见05S502P61）。

工程名称	荷花堰水厂	阶　段	初　设
		部　分	工　艺
图　名	供水管网节点设计图	图　号	HHYSC-03
设计单位	上海市政工程设计研究总院（集团）第六设计院有限公司	设计时间	2013.10

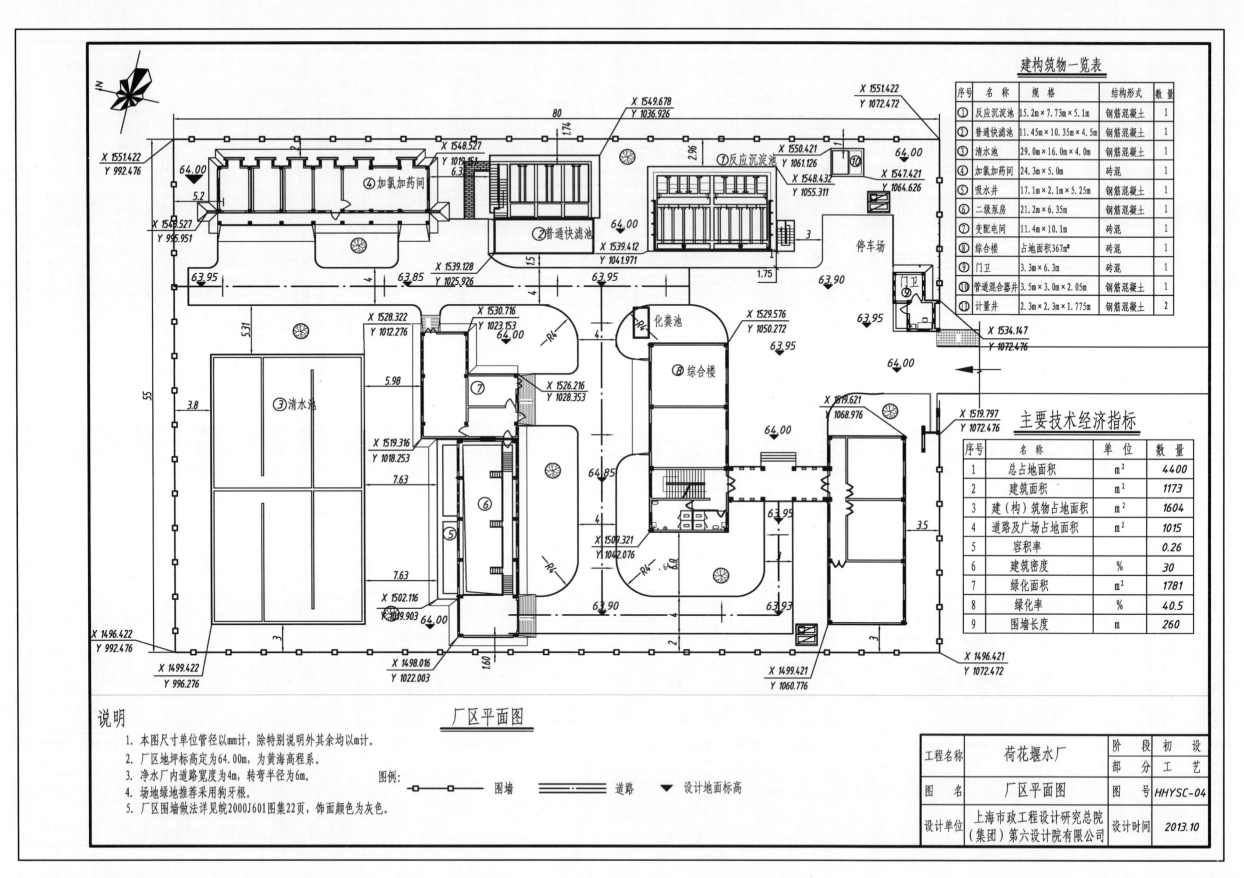

建构筑物一览表

序号	名 称	规 格	结构形式	数量
①	反应沉淀池	15.2m×7.73m×5.1m	钢筋混凝土	1
②	普通快滤池	11.45m×10.35m×4.5m	钢筋混凝土	1
③	清水池	29.0m×16.0m×4.0m	钢筋混凝土	1
④	加氯加药间	24.3m×5.0m	砖混	1
⑤	吸水井	17.1m×2.1m×5.25m	钢筋混凝土	1
⑥	二级泵房	21.2m×6.35m	钢筋混凝土	1
⑦	变配电间	11.4m×10.1m	砖混	1
⑧	综合楼	占地面积367m²	砖混	1
⑨	门卫	3.3m×6.3m	砖混	1
⑩	管道混合器井	3.5m×3.0m×2.05m	钢筋混凝土	1
⑪	计量井	2.3m×2.3m×1.775m	钢筋混凝土	2

主要技术经济指标

序号	名 称	单 位	数 量
1	总占地面积	m²	4400
2	建筑面积	m²	1173
3	建(构)筑物占地面积	m²	1604
4	道路及广场占地面积	m²	1015
5	容积率		0.26
6	建筑密度	%	30
7	绿化面积	m²	1781
8	绿化率	%	40.5
9	围墙长度	m	260

厂区平面图

说明

1. 本图尺寸单位管径以mm计，除特别说明外其余均以m计。
2. 厂区地坪标高定为64.00m，为黄海高程系。
3. 净水厂内道路宽度为4m，转弯半径为6m。
4. 场地绿地推荐采用狗牙根。
5. 厂区围墙做法详见皖2000J601图集22页，饰面颜色为灰色。

图例:
☐—☐ 围墙　　═══ 道路　　▼ 设计地面标高

工程名称	荷花堰水厂	阶 段	初 设
		部 分	工 艺
图 名	厂区平面图	图 号	HHYSC-04
设计单位	上海市政工程设计研究总院(集团)第六设计院有限公司	设计时间	2013.10

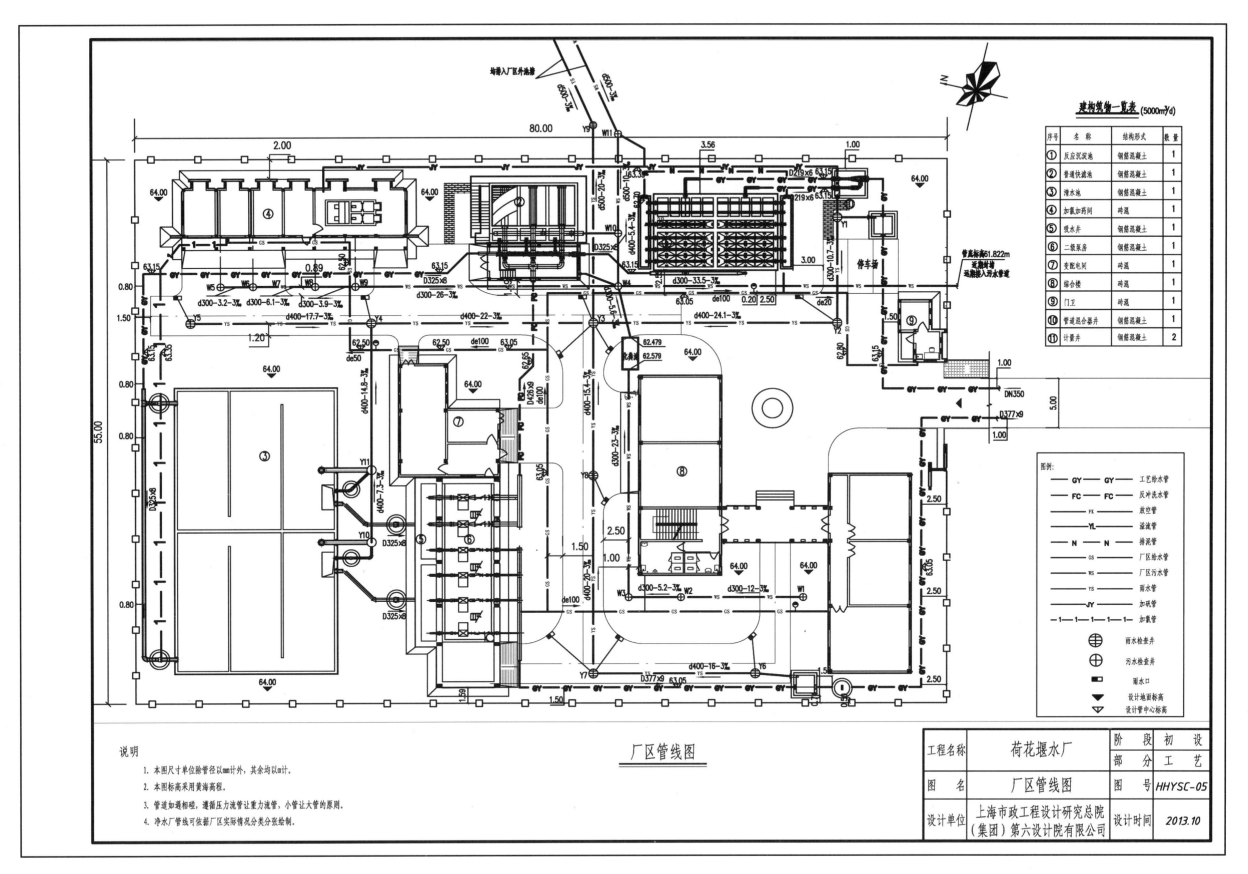

厂区管线图

建构筑物一览表 (5000m³/d)

序号	名 称	结构形式	数量
①	反应沉淀池	钢筋混凝土	1
②	普通快滤池	钢筋混凝土	1
③	清水池	钢筋混凝土	1
④	加氯加药间	砖混	1
⑤	吸水井	钢筋混凝土	1
⑥	二级泵房	钢筋混凝土	1
⑦	变配电间	砖混	1
⑧	综合楼	砖混	1
⑨	门卫	砖混	1
⑩	管道混合器井	钢筋混凝土	1
⑪	计量井	钢筋混凝土	2

图例:
GY—GY	工艺给水管
FC—FC	反冲洗水管
FK	放空管
YL	溢流管
N—N	排泥管
GS	厂区给水管
WS	厂区污水管
YS	雨水管
JY	加矾管
—1—1—1—1—	加氯管

⊕ 雨水检查井
⊕ 污水检查井
▬■▬ 雨水口
▼ 设计地面标高
▽ 设计管中心标高

说明
1. 本图尺寸单位除管径以mm计外，其余均以m计。
2. 本图标高采用黄海高程。
3. 管道如遇相碰，遵循压力流管让重力流管，小管让大管的原则。
4. 净水厂管线可依据厂区实际情况分类分张绘制。

工程名称	荷花堰水厂	阶 段	初 设
		部 分	工 艺
图 名	厂区管线图	图 号	HHYSC-05
设计单位	上海市政工程设计研究总院（集团）第六设计院有限公司	设计时间	2013.10

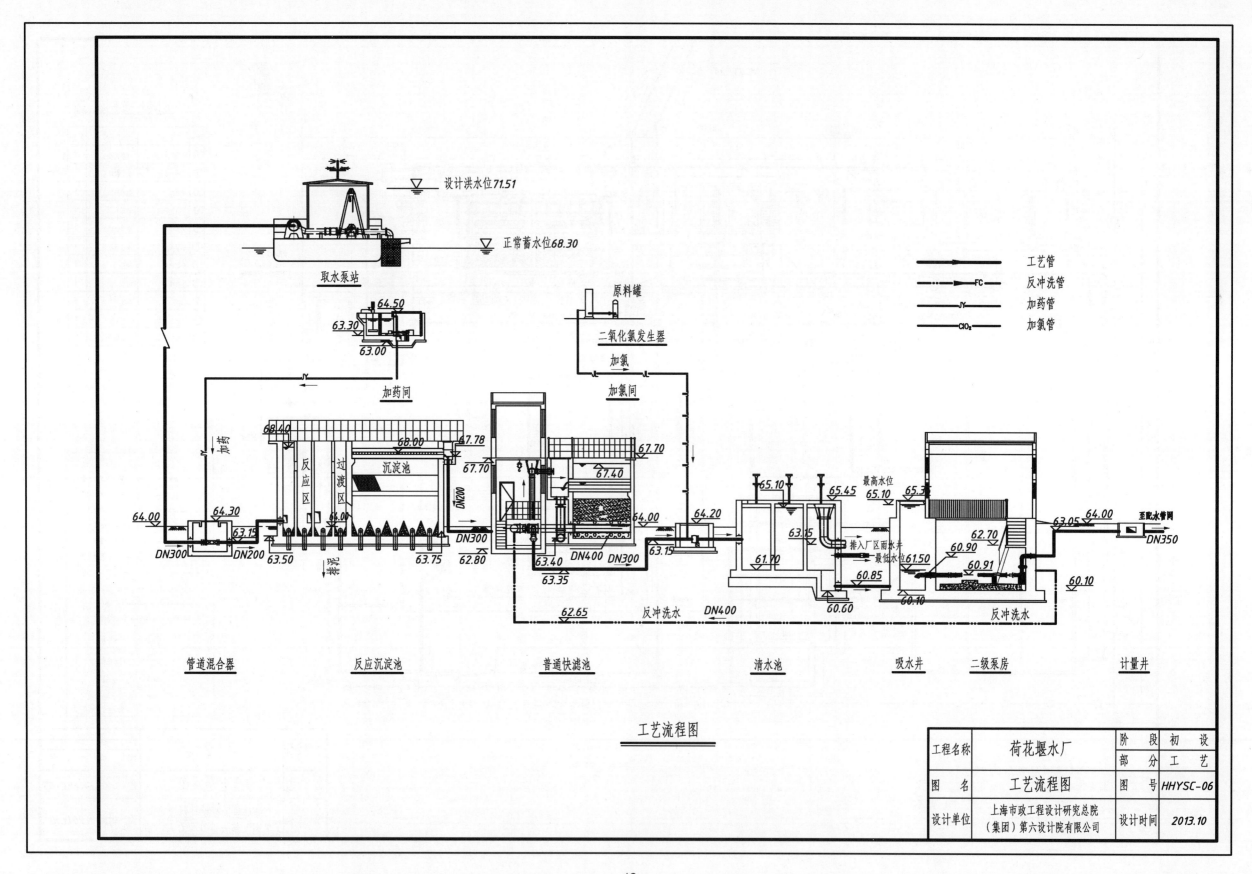

设计洪水位 71.51

正常蓄水位 68.30

取水泵站

工艺管

反冲洗管 FC

加药管 JY

加氯管 ClO₂

64.50
63.30
63.00
加药间

原料罐

二氧化氯发生器
加氯
加氯间

68.40
68.00 67.78
沉淀池 67.70
反应区 过渡区 67.40
64.00
64.00
加药
JY

64.00
64.30
63.15
DN300 DN200 63.50 63.75
62.80
63.40 63.35
DN300 DN400 DN300
63.15

64.20
63.15

65.10 65.45 最高水位 65.10 65.35
63.15 排入厂区雨水井
61.70 最低水位 61.50
60.85
60.60
60.10

63.05 64.00
62.70 至配水管网
60.90
60.91 DN350
60.10
60.10
反冲洗水

62.65 反冲洗水 DN400

管道混合器　　　　　反应沉淀池　　　　　普通快滤池　　　　　清水池　　　　　吸水井　　二级泵房　　　　　计量井

工艺流程图

工程名称	荷花堰水厂	阶　段	初　设
		部　分	工　艺
图　名	工艺流程图	图　号	HHYSC-06
设计单位	上海市政工程设计研究总院（集团）第六设计院有限公司	设计时间	2013.10

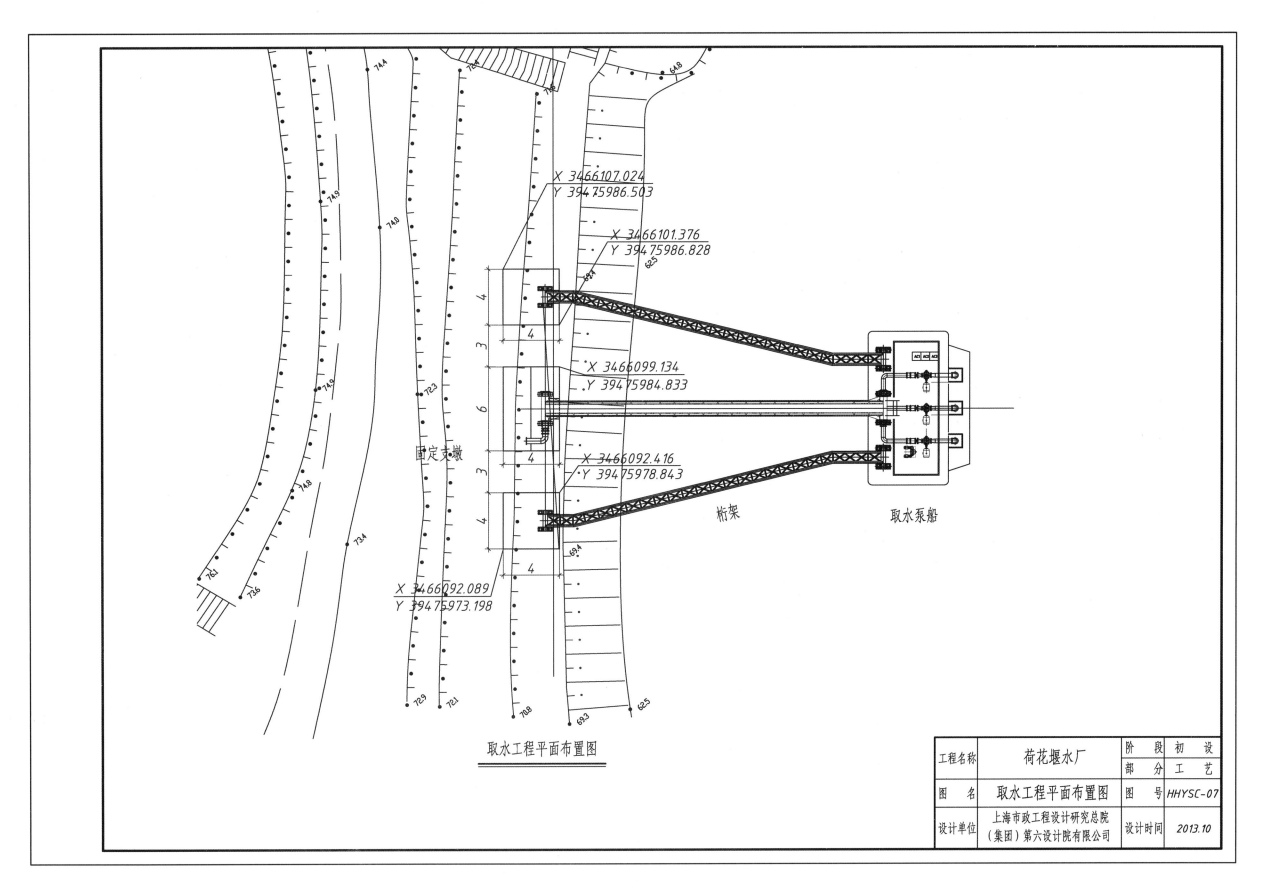

X 3466107.024
Y 39475986.503

X 3466101.376
Y 39475986.828

X 3466099.134
Y 39475984.833

固定支墩

X 3466092.416
Y 39475978.843

桁架

取水泵船

X 3466092.089
Y 39475973.198

取水工程平面布置图

工程名称	荷花堰水厂	阶　段	初　设
		部　分	工　艺
图　名	取水工程平面布置图	图　号	HHYSC-07
设计单位	上海市政工程设计研究总院（集团）第六设计院有限公司	设计时间	2013.10

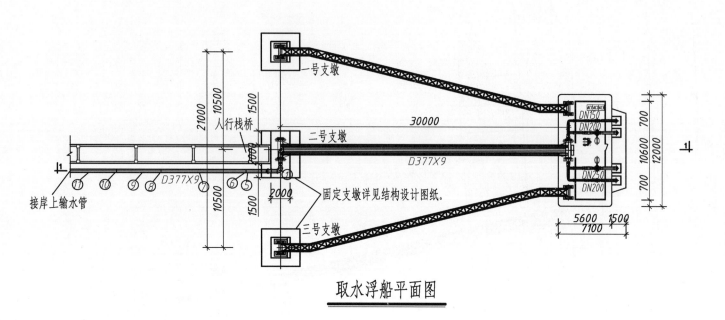

取水浮船平面图

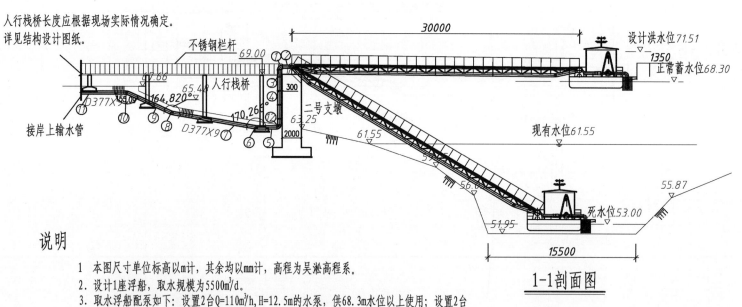

1-1剖面图

取水泵船设备材料表

序号	名　称	规格型号	数量	单位
1	船体		1	艘
2	护栏		1	套
3	拦污结构		3	套
4	拦污安装座		12	只
5	摇臂输水管及栈桥		1	套
6	进水口弯管		4	套
7	进水口直管		4	套
8	出水口变径接头		4	套
9	出水口总管1		1	套
10	出水口总管2		1	套
11	岸上旋转支座		6	套
12	船上旋转支座		6	套
13	辅助旋臂		2	套
14	水泵		4	台
15	真空泵		1	台
16	汽空分离器		1	套
17	真空管路系统		1	套
18	电动蝶阀		4	只
19	伸缩节		4	只
20	微阻缓闭止回阀		4	只
21	警示系统		1	套
22	输水钢管	D377X9(附相关管件)	28.2	米

人行栈桥长度应根据现场实际情况确定。
详见结构设计图纸。

说明

1. 本图尺寸单位标高以m计，其余均以mm计，高程为吴淞高程系。
2. 设计1座浮船，取水规模为5500m³/d。
3. 取水浮船配泵如下：设置2台Q=110m³/h，H=12.5m的水泵，供68.3m水位以上使用；设置2台Q=220m³/h，H=27.5m的水泵，为枯水季节使用，大泵兼做两台小泵的备用泵。
4. 所有管道支架由安装单位根据国标要求距离加装，并且所有弯头及三通位置必须有稳固支撑。
5. 钢管件防腐做法如下：管道在防腐涂敷前应进行表面除锈处理，除锈等级应达到Sa2.5级；钢管内防腐采用环氧高固体份饮水舱涂料涂衬；地上管道外防腐先刷红丹两道，后刷银粉漆两道；埋地管道采用环氧煤沥青漆防腐法，先刷底漆一道，后刷面漆两道。

工程名称	荷花堰水厂	阶　段	初　设
		部　分	工　艺
图　名	取水浮船工艺图	图　号	HHYSC-08
设计单位	上海市政工程设计研究总院（集团）第六设计院有限公司	设计时间	2013.10

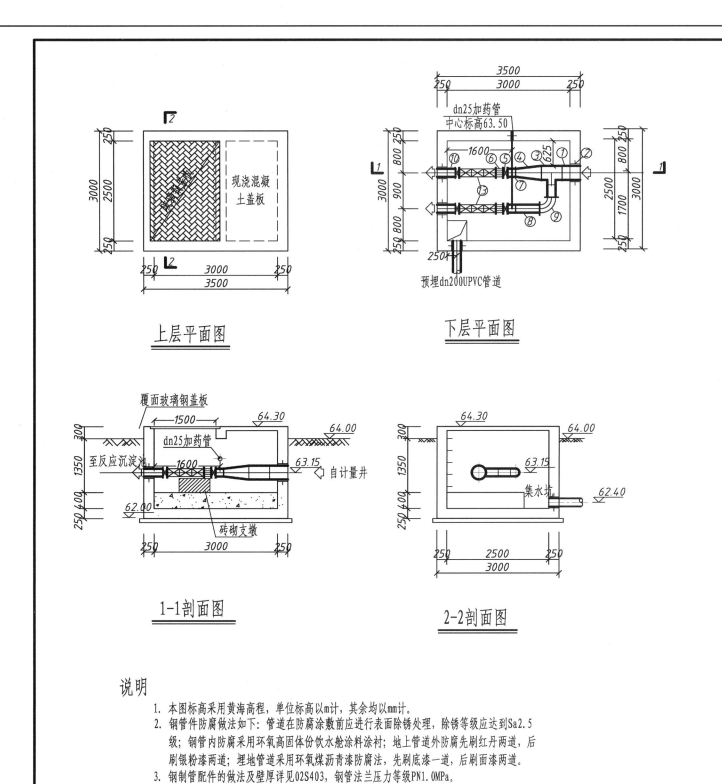

上层平面图

下层平面图

1-1剖面图

2-2剖面图

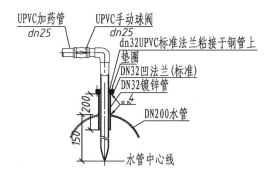

加药投加点大样图

设备材料表

编号	名 称	单位	数量	材质	备 注
①	短管	根	1	钢	
②	穿墙套管	根	2	钢	详见02S404
③	三通	只	1	钢	详见02S403
④	双法异径管	只	2	钢	详见02S403
⑤	手动蝶阀	个	4		
⑥	双法限位伸缩接头	只	2	钢	
⑦	双法短管	根	2	钢	
⑧	双法短管				
⑨	90°弯头	根	1	钢	
⑩	单法短管	根	2	钢	
⑪	球阀	个	2		
⑫	加药管	米	2	ABS	
⑬	管道混合器	台	2		

说明

1. 本图标高采用黄海高程，单位标高以m计，其余均以mm计。
2. 钢管件防腐做法如下：管道在防腐涂敷前应进行表面除锈处理，除锈等级应达到Sa2.5级；钢管内防腐采用环氧高固体份饮水舱涂料涂衬；地上管道外防腐先刷红丹两道，后刷银粉漆两道；埋地管道采用环氧煤沥青漆防腐法，先刷底漆一道，后刷面漆两道。
3. 钢制管配件的做法及壁厚详见02S403，钢管法兰压力等级PN1.0MPa。

工程名称	荷花堰水厂	阶 段	初 设
		部 分	工 艺
图 名	管道混合井工艺图	图 号	HHYSC-09
设计单位	上海市政工程设计研究总院（集团）第六设计院有限公司	设计时间	2013.10

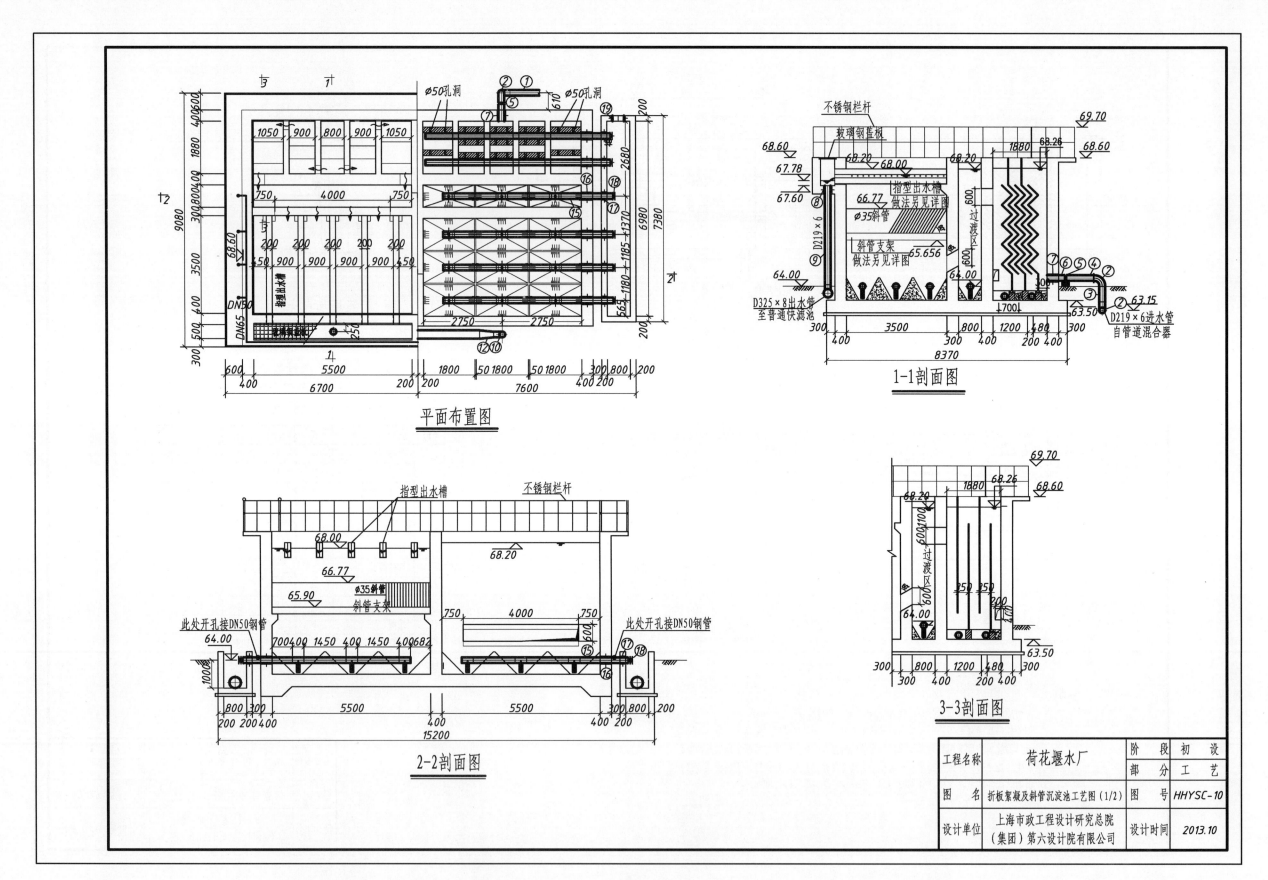

平面布置图

1-1剖面图

2-2剖面图

3-3剖面图

工程名称	荷花堰水厂	阶 段	初 设
		部 分	工 艺
图 名	折板絮凝及斜管沉淀池工艺图(1/2)	图 号	HHYSC-10
设计单位	上海市政工程设计研究总院(集团)第六设计院有限公司	设计时间	2013.10

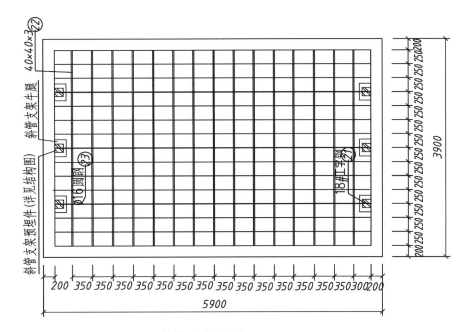

斜管支架安装平面图

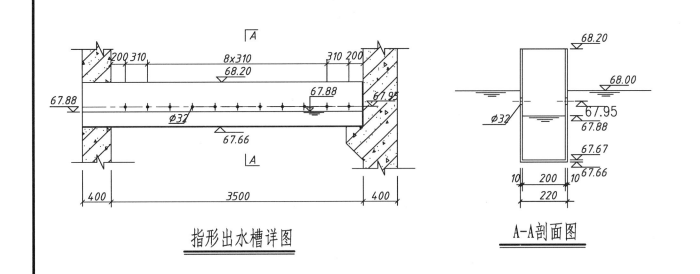

指形出水槽详图

A-A剖面图

反应沉淀池管配件表 （5000m³/d）

分类	序号	名称	规格	材质	数量	单位	备注
进水管	①	直管	D219×6	钢	2	根	
	②	45°弯管	D219×6 La=155	钢	8	只	详见02S403
	③	直管	D219×6	钢	2	根	
	④	单法短管	D219×6	钢	1	根	
	⑤	手动蝶阀	D219×6		2	只	
	⑥	单法短管	D219×6	钢	1	根	
	⑦	A型刚性防水套管	DN200	钢	2	根	02S404，P16
出水管	⑧	A型刚性防水套管	DN200	钢	2	根	02S404，P16
	⑨	直管	D219×6	钢	2	根	可分段连接
	⑩	90°弯管	D219×6	钢	1	只	详见02S403
	⑪	直管	D219×6	钢	1	根	可分段连接
	⑫	异径管	DN300×DN200	钢	1	只	详见02S403
	⑬	三通	DN300×DN200	钢	1	只	详见02S403
	⑭	直管	D325×8	钢	1	根	可分段连接
排泥管	⑮	穿孔排泥管	De200	钢	18	根	
	⑯	A型刚性防水套管	DN200	钢	18	根	02S404，P16
	⑰	A型刚性防水套管	DN200	钢	30	根	02S404，P16
	⑱	手动快开排泥阀	DN200		12	只	
	⑲	A型刚性防水套管	DN400	钢	4	根	02S404，P16
斜管支架	㉑	工字钢	18#	钢	6	根	
	㉒	角钢	40×40×3	钢	30	根	
	㉓	Ø16圆钢		钢	14	根	

说明

1. 本图标高采用黄海高程，尺寸单位标高以m计，其余均以mm计。
2. 表中统计的材料设备的范围为从进水直管至沉淀池出水直管处。
3. 集水槽固定水平后，其出水端与池壁间隙用膨胀水泥填充，不得有渗漏。
4. 技术参数：设计水量5000m³/d，分两组；絮凝时间约15min。
   沉淀池参数：沉淀区液面负荷为5.7m³/（m²·h）。
5. 钢管防腐做法如下：管道在防腐涂敷前应进行表面除锈处理，除锈等级应达到Sa2.5级；钢管内防腐采用环氧高固体份饮水舱涂料涂衬；地上管道外防腐先刷红丹两道，后刷银粉漆两道；埋地管道采用环氧煤沥青漆防腐法，先刷底漆一道，后刷面漆两道。
6. 钢制管配件的做法及壁厚详见02S403，穿越池壁处做法详见02S404；钢管法兰压力等级PN1.0MPa。
7. 所有管道支架由安装单位根据国标要求距离加装，并且所有弯头及三通位置必须有稳固支撑。

工程名称	荷花堰水厂	阶 段	初 设
		部 分	工 艺
图 名	折板絮凝及斜管沉淀池工艺图（2/2）	图 号	HHYSC-10
设计单位	上海市政工程设计研究总院（集团）第六设计院有限公司	设计时间	2013.10

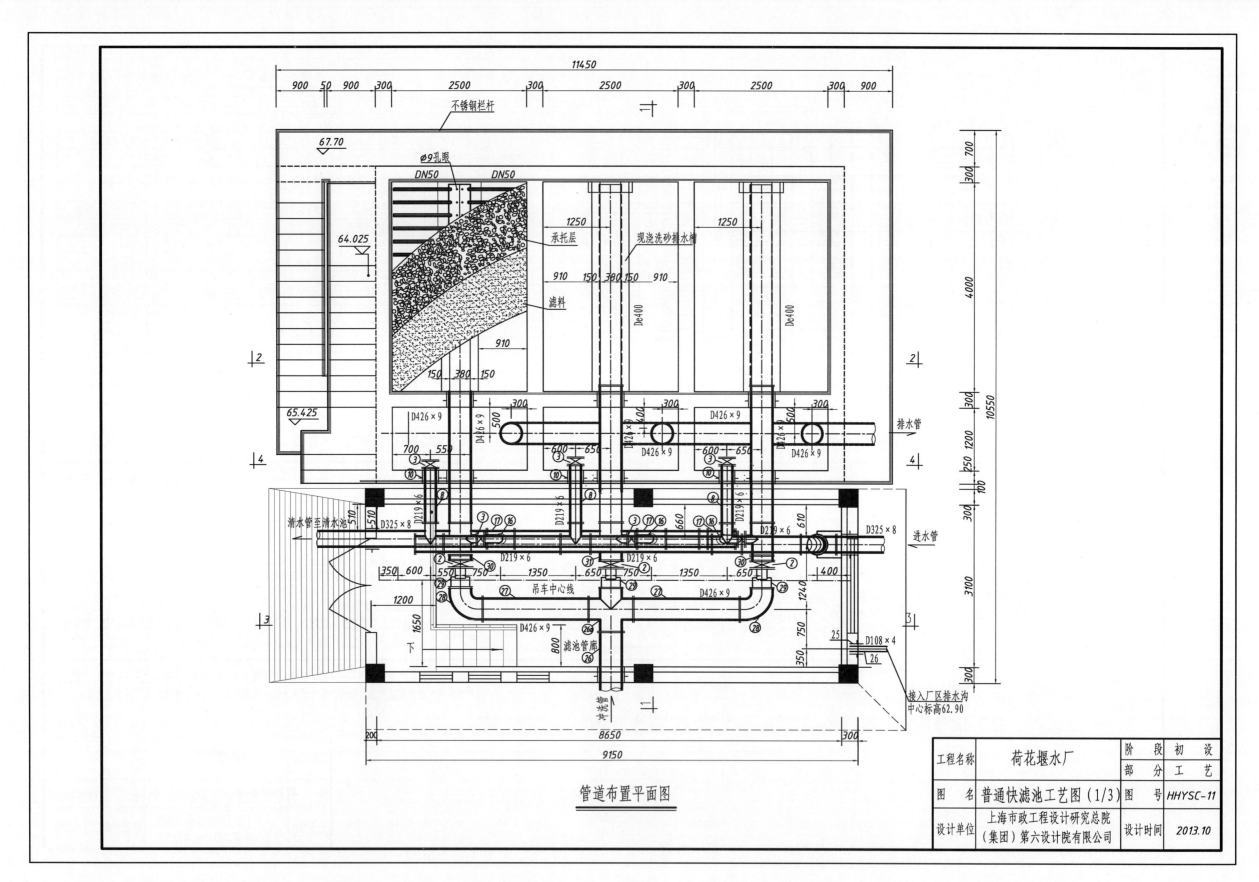

管道布置平面图

工程名称	荷花堰水厂	阶 段	初 设
		部 分	工 艺
图 名	普通快滤池工艺图（1/3）	图 号	HHYSC-11
设计单位	上海市政工程设计研究总院（集团）第六设计院有限公司	设计时间	2013.10

滤料粒径和滤层厚度

类别	粒径(mm)	$K_{80}=\dfrac{d_{80}}{d_{10}}$	厚度(mm)
石英砂均质滤料	d0.9~d1.2	<1.6	1200

承托层粒径和厚度

层次	粒径(mm)	厚度(mm)
1	2~4	50
2	4~8	50
3	8~15	50
4	15~32	250

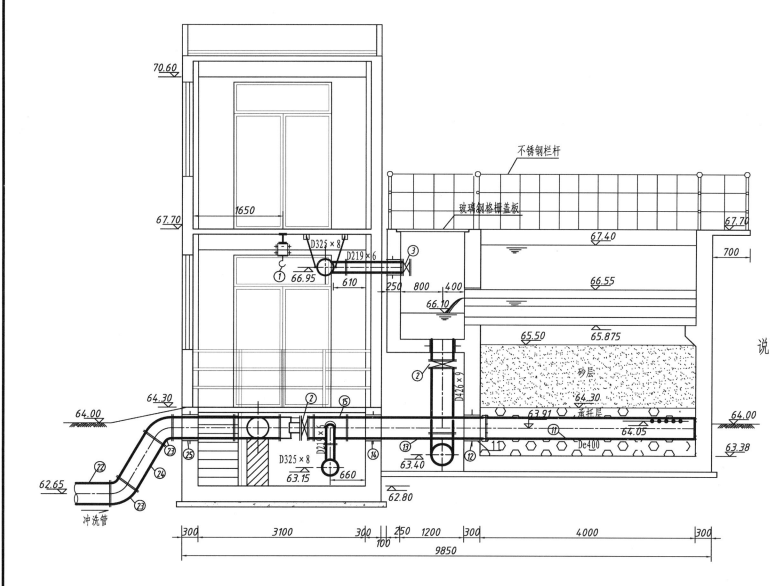

不锈钢栏杆

玻璃钢格栅盖板

砂层

承托层

冲洗管

1－1剖面图

说明

1. 本图标高采用黄海高程，所注尺寸除标高以m计外，其余均以mm计。
2. 本图所注标高为绝对标高。
3. 本滤池设计规模：5000m³/d，设计滤速：8.0m/h，采用水泵反冲洗，冲洗泵设于二级泵房内；冲洗强度14L/(m²·s)，冲洗时间6min。
4. 钢管件防腐做法如下：管道在防腐涂数前应进行表面除锈处理，除锈等级应达到Sa2.5级；钢管内防腐采用环氧高固体份饮水舱涂料涂衬；地上管道外防腐先刷红丹两道，后刷银粉漆两道；埋地管道采用环氧煤沥青漆防腐法，先刷底漆一道，后刷面漆两道。
5. 法兰间的密封均采用3mm厚石棉橡胶垫片。
6. 材料表计至管廊外侧1.0m处；管件长度均为理论长度，钢制管件下料时应扣除焊缝尺寸及密封垫片厚度并校核所定阀门尺寸，ABS管采用承插粘结。
7. 室内管道支架安装详见国标03S402。

工程名称	荷花堰水厂	阶 段	初 设
		部 分	工 艺
图 名	普通快滤池工艺图（2/3）	图 号	HHYSC-11
设计单位	上海市政工程设计研究总院（集团）第六设计院有限公司	设计时间	2013.10

普通快滤池管配件表

分类	序号	名称	规格	材质	数量	单位	说明
进水管	①	单法直管	D325×8 L=1325	钢	1	根	
	②	90°弯管	D325×8 La=310	钢	2	只	
	③	双法直管	D325×8 L=3000	钢	1	根	
	④	双法直管	D325×8 L=1245	钢	1	根	
	⑤	等径三通	DN300	钢	3	只	02S403,P49
	⑥	双法直管	D325×8 L=2100	钢	1	根	
	⑦	双法直管	D325×8 L=2050	钢	1	根	
	⑧	双法直管	D325×8 L=1081	钢	3	根	
	⑨	穿墙套管	DN300 L=250	钢	1	根	土建预埋,穿越池壁处加焊止水钢环,详见02S404
	⑩	穿墙套管	DN300 L=200	钢	3	根	土建预埋,穿越池壁处加焊止水钢环,详见02S404
出水管	⑪	单法直管	D426×9 L=3861	钢	3	根	
	⑫	穿墙套管	DN400 L=250	钢	3	根	土建预埋,穿越池壁处加焊止水钢环,详见02S404
	⑬	单法直管	D426×9 L=2585	钢	3	根	
	⑭	穿墙套管	DN400 L=240	钢	3	根	土建预埋,穿越池壁处加焊止水钢环,详见02S404
	⑮	三通	DN400×200	钢	3	只	02S403,P39
	⑯	90°弯管	D219×6 La=300	钢	3	只	
	⑰	三通	DN300×200	钢	3	只	02S403,P39
	⑱	双法直管	D325×8 L=558	钢	1	根	
	⑲	双法直管	D325×8 L=2151	钢	1	根	
	⑳	单法直管	D325×8 L=3223	钢	1	根	
	㉑	穿墙套管	DN300 L=250	钢	1	根	土建预埋,穿越池壁处加焊止水钢环,详见02S404
反冲洗管	㉒	单法直管	D426×9 L=1000	钢	1	根	
	㉓	45°弯管	D426×9 La=195	钢	2	只	
	㉔	双法直管	D426×9 L=977	钢	1	根	
	㉕	穿墙套管	DN400 L=250	钢	1	根	土建预埋,穿越池壁处加焊止水钢环,详见02S404
	㉖	单法直管		钢	1	根	
	㉖②	四通	DN400	钢	1	只	02S403,P49
	㉗	双法直管	D426×9 L=1900	钢	1	根	
	㉘	90°弯管	D426×9 La=400	钢	2	只	
	㉙	管道伸缩节	DN400	钢	3	只	
	㉚	双法直管	D426×9 L=73	钢	2	根	
	㉛	双法直管	D426×9 L=73	钢	1	根	
排水管	㉜	穿墙套管	DN400 L=150	钢	3	根	土建预埋,穿越池壁处加焊止水钢环,详见02S404
	㉝	单法直管	D426×9 L=460	钢	3	根	
	㉞	双法直管	D426×9 L=1149	钢	3	根	
	㉟	90°弯管	D426×9 La=400	钢	1	只	
	㊱	双法直管	D426×9 L=3861	钢	1	根	
	㊲	等径三通	DN400	钢	2	只	02S403,P49
	㊳	双法直管	D426×9 L=1972	钢	1	根	
	㊴	单法直管	D426×9 L=1136	钢	1	根	

3－3剖面图

4－4剖面图

不锈钢栏杆

玻璃钢格栅盖板

清水管至清水池

D325×8进水管

D426×9排水管

工程名称	荷花堰水厂	阶　段	初　设
		部　分	工　艺
图　名	普通快滤池工艺图（3/3）	图　号	HHYSC-11
设计单位	上海市政工程设计研究总院（集团）第六设计院有限公司	设计时间	2013.10

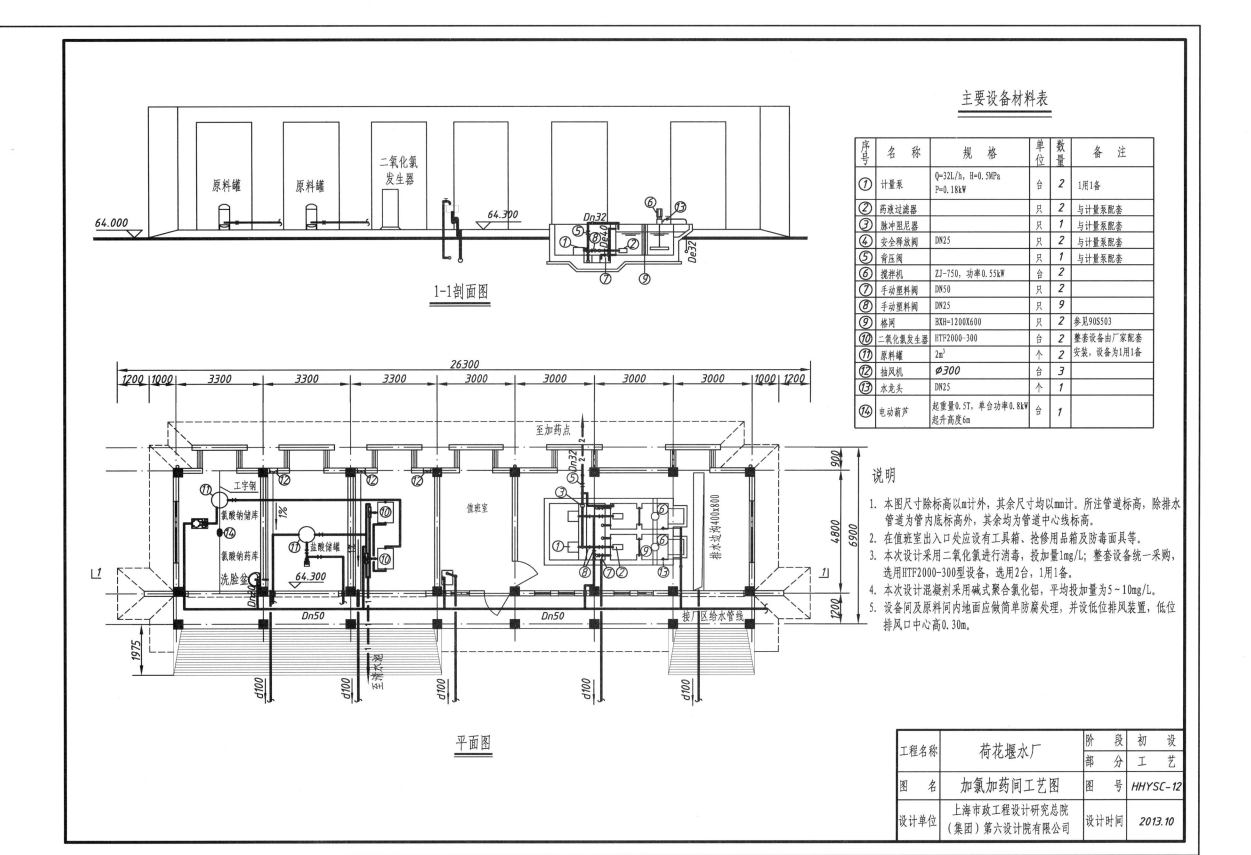

主要设备材料表

序号	名 称	规 格	单位	数量	备 注
①	计量泵	Q=32L/h, H=0.5MPa P=0.18kW	台	2	1用1备
②	药液过滤器		只	2	与计量泵配套
③	脉冲阻尼器		只	1	与计量泵配套
④	安全降放阀	DN25	只	2	与计量泵配套
⑤	背压阀		只	1	与计量泵配套
⑥	搅拌机	ZJ-750, 功率0.55kW	台	2	
⑦	手动塑料阀	DN50	只	2	
⑧	手动塑料阀	DN25	只	9	
⑨	格网	BXH=1200X600	只	2	参见90S503
⑩	二氧化氯发生器	HTF2000-300	台	2	整套设备由厂家配套 安装, 设备为1用1备
⑪	原料罐	2m³	个	2	
⑫	抽风机	Φ300	台	3	
⑬	水龙头	DN25	个	1	
⑭	电动葫芦	起重量0.5T, 单台功率0.8kW 起升高度6m	台	1	

<u>1-1剖面图</u>

<u>平面图</u>

说明

1. 本图尺寸除标高以m计外, 其余尺寸均以mm计。所注管道标高, 除排水管道为管内底标高外, 其余均为管道中心线标高。

2. 在值班室出入口处应设有工具箱、抢修用品箱及防毒面具等。

3. 本次设计采用二氧化氯进行消毒, 投加量1mg/L; 整套设备统一采购, 选用HTF2000-300型设备, 选用2台, 1用1备。

4. 本次设计混凝剂采用碱式聚合氯化铝, 平均投加量为5~10mg/L。

5. 设备间及原料间内地面应做简单防腐处理, 并设低位排风装置, 低位排风口中心高0.30m。

工程名称	荷花堰水厂	阶 段	初 设
		部 分	工 艺
图 名	加氯加药间工艺图	图 号	HHYSC-12
设计单位	上海市政工程设计研究总院 (集团) 第六设计院有限公司	设计时间	2013.10

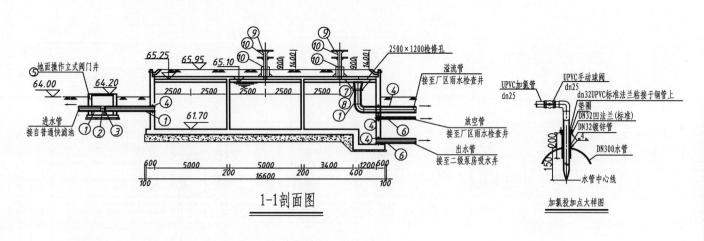

1-1剖面图

加氯投加点大样图

平面图

清水池管配件表

序号	名称	材质	数量	单位	备注
①	直管	钢	12	根	
②	双法兰橡胶接头	橡胶	6	只	
③	手动蝶阀		6	只	出水管、放空管采用直埋式
④	A型刚性防水套管	钢	8	根	02S404, P16
⑤	地面操作立式阀门井	砖砌	6	座	
⑥	墙管	钢	4	根	放空管土建预埋
⑦	喇叭口	钢	2	只	02S403, P71
⑧	水管吊架		2	套	包括吊环、拉杆及管箍
⑨	通风帽		12	只	详见05S804
⑩	通风管		12	只	
⑪	水位计预埋管		2	套	池顶预埋管件做法 详见05S804P186

说明

1. 本图标高采用黄海高程,所注尺寸除标高以m计外,其余均以mm计。
2. 池底排水坡 i=0.005,坡向集水坑。
3. 管路上的阀体均采用法兰连接,阀体下应设支墩,不得依靠管道支持其重量。钢制管配件除图中表示以法兰连接外,其余的均进行焊接。
4. 溢流管接入厂区排水管,接入点应设检查井做空气隔断,其出口包扎尼龙网罩。
5. 钢管件应做防腐处理。
6. 溢流管、排水管均接入厂区雨水管,接入点应设检查井做空气隔断,其出口包扎尼龙网罩。池体清空采用移动式潜水泵,泵体平时备用,清空池体时使用,排出的池水通过软管就近排入厂区雨水检查井;潜水泵型号:100QW120-10-5.5, Q=120m/h, H=10m, N=5.5kW。

工程名称	荷花堰水厂	阶 段	初 设
		部 分	工 艺
图 名	清水池工艺图	图 号	HHYSC-13
设计单位	上海市政工程设计研究总院 (集团)第六设计院有限公司	设计时间	2013.10

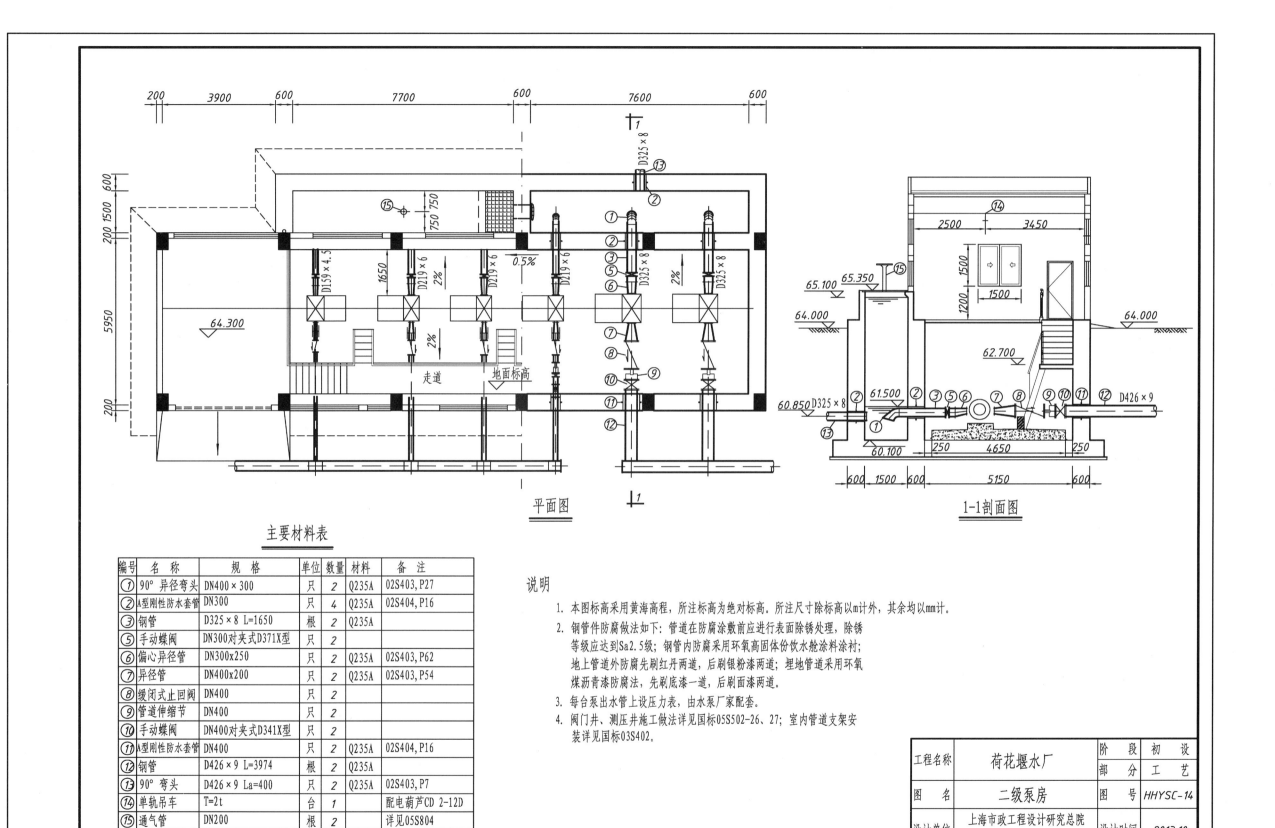

平面图

1-1剖面图

主要材料表

编号	名 称	规 格	单位	数量	材料	备 注
①	90°异径弯头	DN400×300	只	2	Q235A	02S403, P27
②	A型刚性防水套管	DN300	只	4	Q235A	02S404, P16
③	钢管	D325×8 L=1650	根	2	Q235A	
⑤	手动蝶阀	DN300对夹式D371X型	只	2		
⑥	偏心异径管	DN300x250	只	2	Q235A	02S403, P62
⑦	异径管	DN400x200	只	2	Q235A	02S403, P54
⑧	缓闭式止回阀	DN400	只	2		
⑨	管道伸缩节	DN400	只	2		
⑩	手动蝶阀	DN400对夹式D341X型	只	2		
⑪	A型刚性防水套管	DN400	只	2	Q235A	02S404, P16
⑫	钢管	D426×9 L=3974	根	2	Q235A	
⑬	90°弯头	D426×9 La=400	只	2	Q235A	02S403, P7
⑭	单轨吊车	T=2t	台	1		配电葫芦CD 2-12D
⑮	通气管	DN200	根	2		详见05S804

说明

1. 本图标高采用黄海高程，所注标高为绝对标高。所注尺寸除标高以m计外，其余均以mm计。

2. 钢管件防腐做法如下：管道在防腐涂敷前应进行表面除锈处理，除锈等级应达到Sa2.5级；钢管内防腐采用环氧高固体份饮水舱涂料涂衬；地上管道外防腐先刷红丹两道，后刷银粉漆两道；埋地管道采用环氧煤沥青漆防腐法，先刷底漆一道，后刷面漆两道。

3. 每台泵出水管上设压力表，由水泵厂家配套。

4. 阀门井、测压井施工做法详见国标05S502-26、27；室内管道支架安装详见国标03S402。

工程名称	荷花堰水厂	阶 段	初 设
		部 分	工 艺
图 名	二级泵房	图 号	HHYSC-14
设计单位	上海市政工程设计研究总院（集团）第六设计院有限公司	设计时间	2013.10

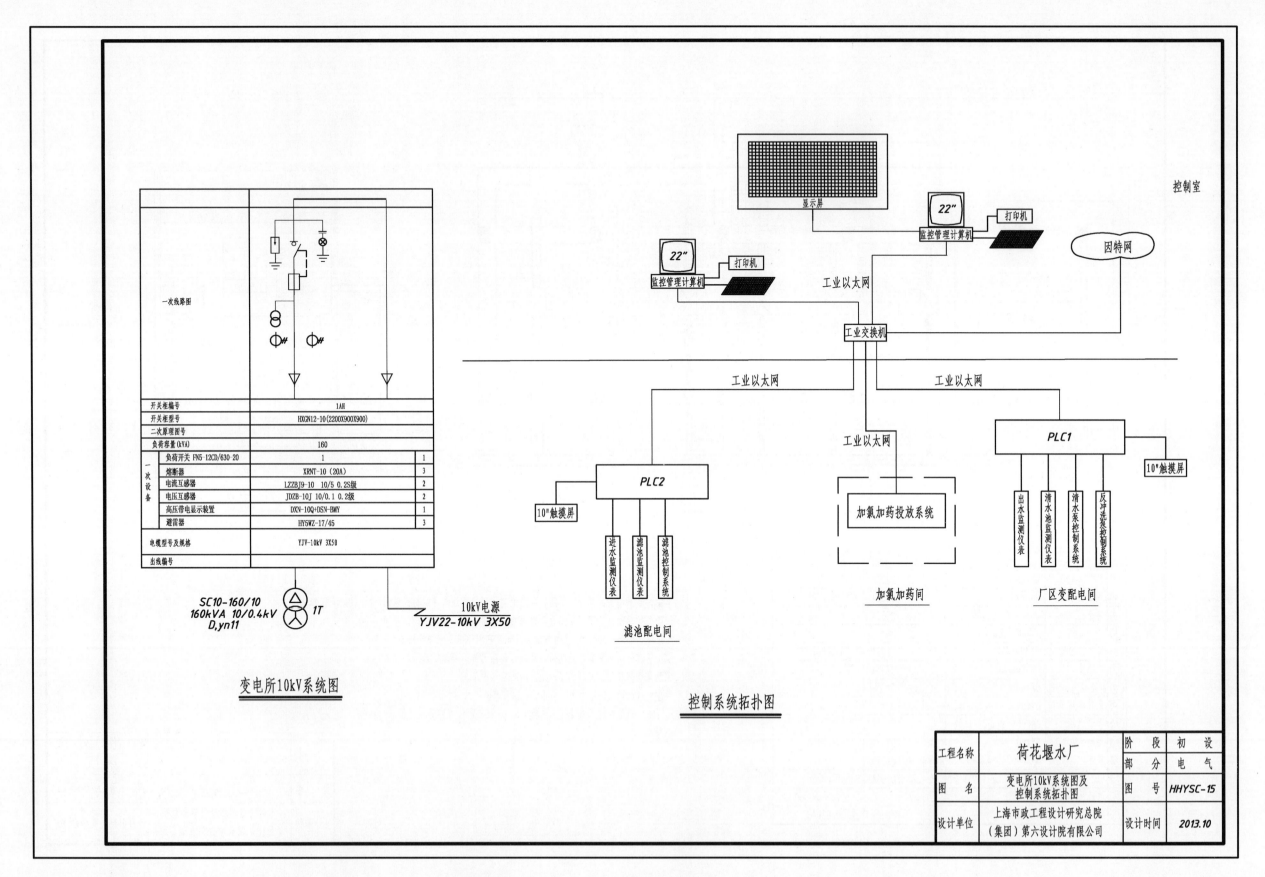

一次线路图		
开关柜编号	1AH	
开关柜型号	HXGN12-10(2200X900X900)	
二次原理图号		
负荷容量(kVA)	160	
负荷开关 FN5-12CD/630-20	1	1
熔断器	XRNT-10 (20A)	3
电流互感器	LZZBJ9-10 10/5 0.2S级	2
电压互感器	JDZB-10J 10/0.1 0.2级	2
高压带电显示装置	DXN-10Q+DSN-BMY	1
避雷器	HY5WZ-17/45	3
电缆型号及规格	YJV-10kV 3X50	
出线编号		

SC10-160/10
160kVA 10/0.4kV 1T
D,yn11

10kV电源
YJV22-10kV 3X50

变电所10kV系统图

控制室

显示屏

打印机

监控管理计算机

22"

22"

监控管理计算机

打印机

因特网

工业以太网

工业交换机

工业以太网

工业以太网

工业以太网

PLC2

10"触摸屏

进水监测仪表

滤池监测仪表

滤池控制系统

滤池配电间

加氯加药投放系统

加氯加药间

PLC1

出水监测仪表

清水池监测仪表

清水泵控制系统

反冲洗泵控制系统

厂区变配电间

10"触摸屏

控制系统拓扑图

工程名称	荷花堰水厂	阶 段	初 设
		部 分	电 气
图 名	变电所10kV系统图及控制系统拓扑图	图 号	HHYSC-15
设计单位	上海市政工程设计研究总院(集团)第六设计院有限公司	设计时间	2013.10

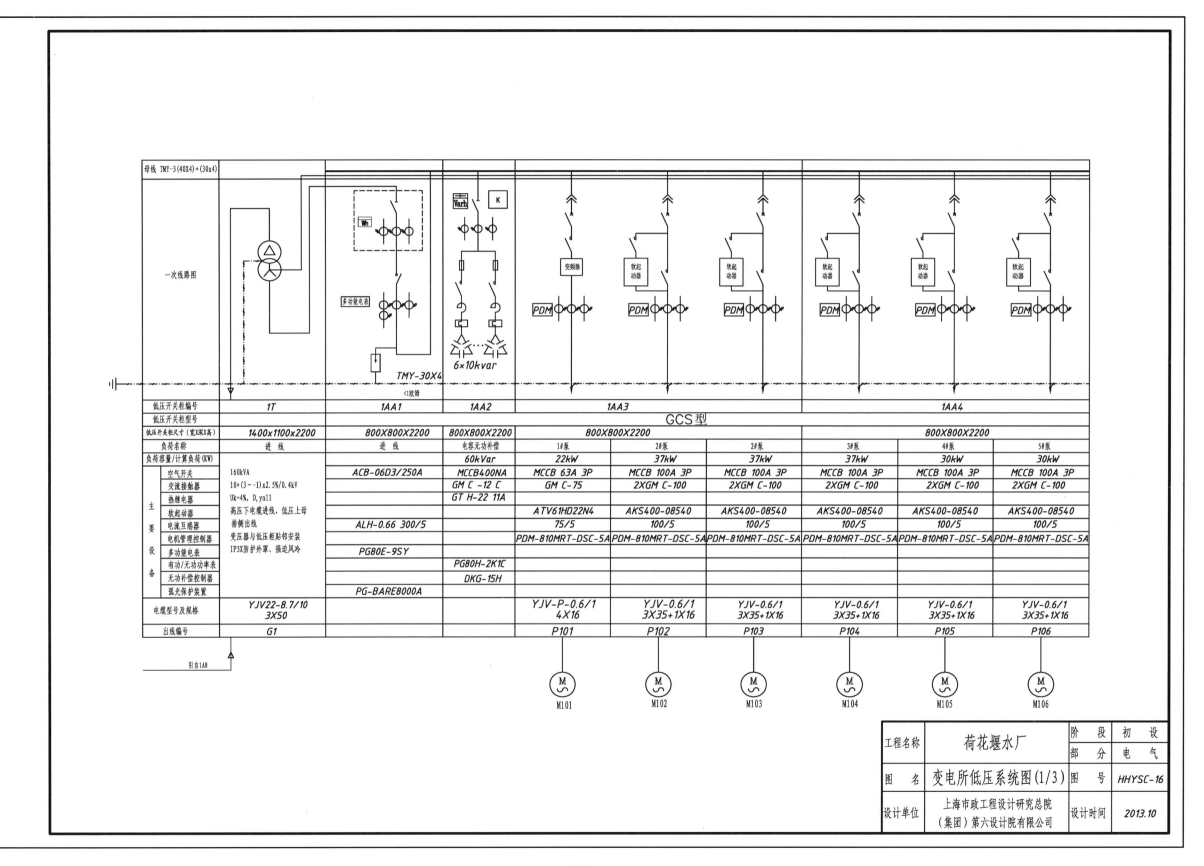

母线 TMY-3(40X4)+(30x4)

低压开关柜编号	1T	1AA1	1AA2	1AA3			1AA4		
低压开关柜型号				GCS型					
低压开关柜尺寸(宽X深X高)	1400x1100x2200	800X800X2200	800X800X2200	800X800X2200			800X800X2200		
负荷名称	进 线	进 线	电容无功补偿	1#泵	2#泵	2#泵	3#泵	4#泵	5#泵
负荷容量/计算负荷(KW)	160kVA		60kVar	22kW	37kW	37kW	37kW	30kW	30kW
空气开关	10+(3--1)x2.5%/0.4kV	ACB-06D3/250A	MCCB400NA	MCCB 63A 3P	MCCB 100A 3P	MCCB 100A 3P	MCCB 100A 3P	MCCB 100A 3P	MCCB 100A 3P
交流接触器	Uk=4%, D,yn11		GM C -12 C	GM C -75	2XGM C-100	2XGM C-100	2XGM C-100	2XGM C-100	2XGM C-100
热继电器	高压下电缆进线,低压上母		GT H-22 11A						
软起动器	排侧出线			ATV61HD22N4	AKS400-08540	AKS400-08540	AKS400-08540	AKS400-08540	AKS400-08540
电流互感器	变压器与低压柜贴邻安装	ALH-0.66 300/5		75/5	100/5	100/5	100/5	100/5	100/5
电机管理控制器	IP3X防护外罩、强迫风冷			PDM-810MRT-DSC-5A	PDM-810MRT-DSC-5A	PDM-810MRT-DSC-5A	PDM-810MRT-DSC-5A	PDM-810MRT-DSC-5A	PDM-810MRT-DSC-5A
多功能电表		PG80E-9SY							
有功/无功功率表			PG80H-2K1C						
无功补偿控制器			DKG-15H						
弧光保护装置		PG-BARE8000A							
电缆型号及规格	YJV22-8.7/10 3X50			YJV-P-0.6/1 4X16	YJV-0.6/1 3X35+1X16	YJV-0.6/1 3X35+1X16	YJV-0.6/1 3X35+1X16	YJV-0.6/1 3X35+1X16	YJV-0.6/1 3X35+1X16
出线编号	G1			P101	P102	P103	P104	P105	P106

一次线路图

TMY-30X4 6×10kvar

多功能电表

引自1AH 引自1AH

M101 M102 M103 M104 M105 M106

工程名称	荷花堰水厂	阶 段	初 设
		部 分	电 气
图 名	变电所低压系统图(1/3)	图 号	HHYSC-16
设计单位	上海市政工程设计研究总院(集团)第六设计院有限公司	设计时间	2013.10

- 55 -

母线 TMY-3 (40X4)+(30x4)

一次线路图

多功能电表

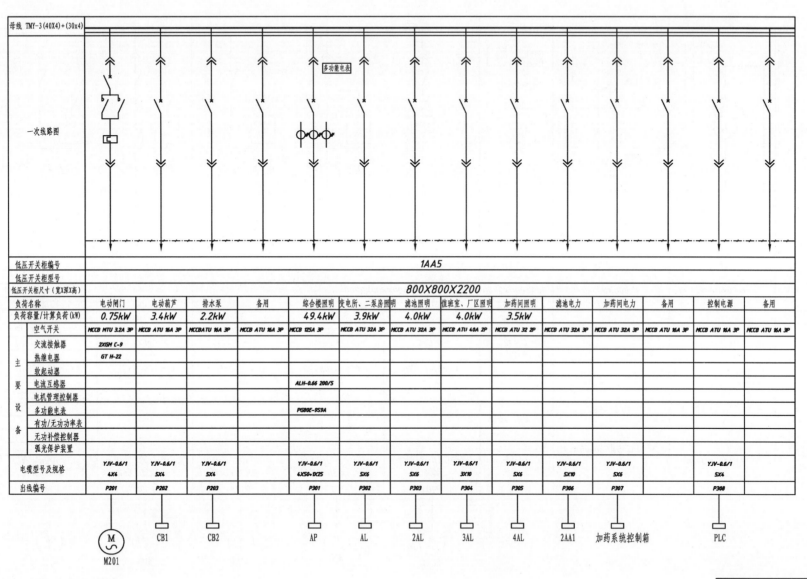

低压开关柜编号	1AA5													
低压开关柜型号														
低压开关柜尺寸(宽X深X高)	800X800X2200													
负荷名称	电动闸门	电动葫芦	排水泵	备用	综合楼照明	变电所、二泵房照明	滤池照明	值班室、厂区照明	加药间照明	滤池电力	加药间电力	备用	控制电源	备用
负荷容量/计算负荷(kW)	0.75kW	3.4kW	2.2kW		49.4kW	3.9kW	4.0kW	4.0kW	3.5kW					
空气开关	MCCB MTU 3.2A 3P	MCCB ATU 16A 3P	MCCBATU 16A 3P	MCCB ATU 16A 3P	MCCB 125A 3P	MCCB ATU 32A 3P	MCCB ATU 32A 3P	MCCB ATU 40A 2P	MCCB ATU 32 2P	MCCB ATU 32A 3P	MCCB ATU 32A 3P	MCCB ATU 16A 3P	MCCB ATU 16A 3P	MCCB ATU 16A 3P
交流接触器	2XSGM C-9													
热继电器	GT H-22													
软起动器														
电流互感器					ALH-0.66 200/5									
电机管理控制器														
多功能电表					PG80E-9S9A									
有功/无功功率表														
无功补偿控制器														
弧光保护装置														
电缆型号及规格	YJV-0.6/1 4X4	YJV-0.6/1 5X4	YJV-0.6/1 5X4		YJV-0.6/1 4X50+DX25	YJV-0.6/1 5X6	YJV-0.6/1 5X6	YJV-0.6/1 3X10	YJV-0.6/1 5X6	YJV-0.6/1 5X10	YJV-0.6/1 5X6		YJV-0.6/1 5X4	
出线编号	P201	P202	P203		P301	P302	P303	P304	P305	P306	P307		P308	
	M201	CB1	CB2		AP	AL	2AL	3AL	4AL	2AA1	加药系统控制箱		PLC	

主要设备

工程名称	荷花堰水厂	阶段	初设
		部分	电气
图名	变电所低压系统图(2/3)	图号	HHYSC-16
设计单位	上海市政工程设计研究总院(集团)第六设计院有限公司	设计时间	2013.10

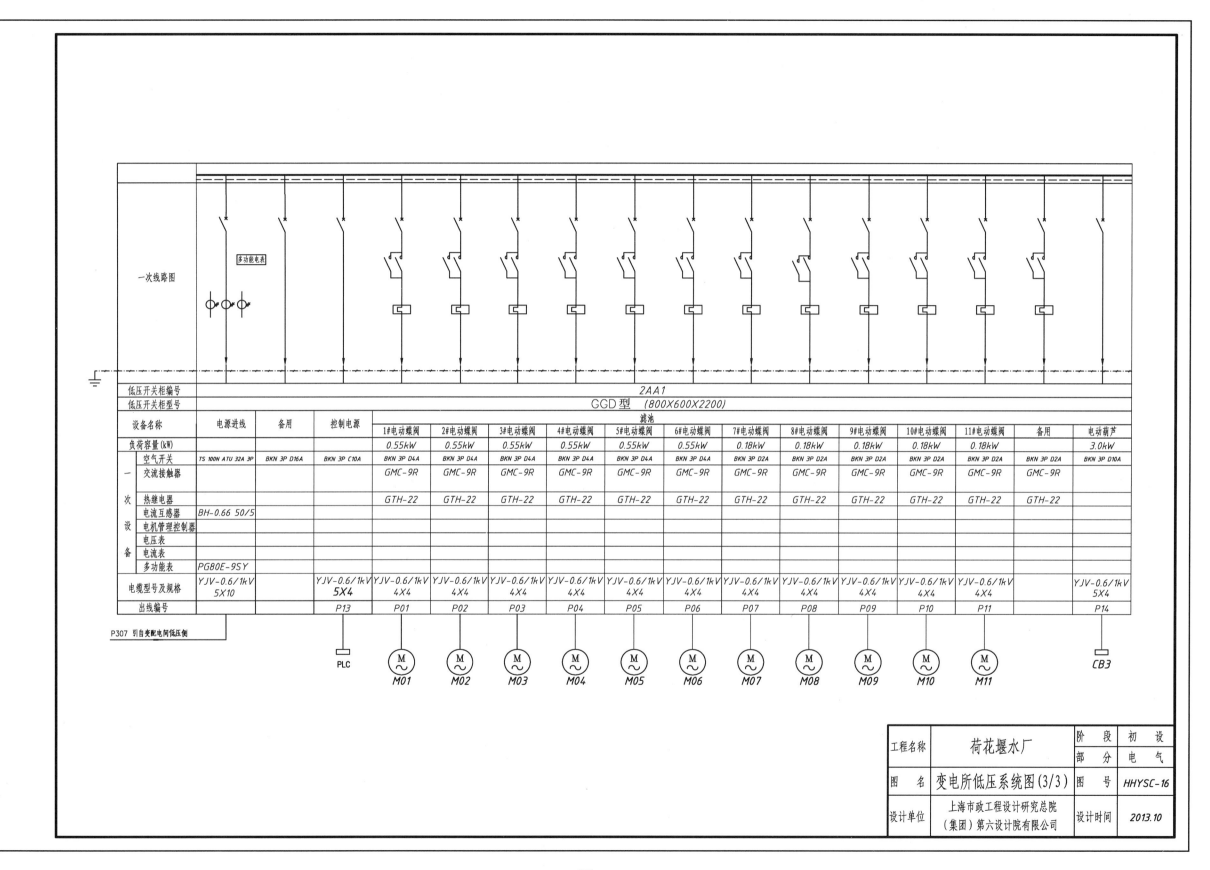

设备名称	电源进线	备用	控制电源	滤池 1#电动蝶阀	2#电动蝶阀	3#电动蝶阀	4#电动蝶阀	5#电动蝶阀	6#电动蝶阀	7#电动蝶阀	8#电动蝶阀	9#电动蝶阀	10#电动蝶阀	11#电动蝶阀	备用	电动葫芦
负荷容量(kW)				0.55kW	0.55kW	0.55kW	0.55kW	0.55kW	0.55kW	0.18kW	0.18kW	0.18kW	0.18kW	0.18kW		3.0kW
一次设备 空气开关	TS 100N ATU 32A 3P	BKN 3P D16A	BKN 3P C10A	BKN 3P D4A	BKN 3P D4A	BKN 3P D4A	BKN 3P D4A	BKN 3P D4A	BKN 3P D4A	BKN 3P D2A	BKN 3P D2A	BKN 3P D2A	BKN 3P D2A	BKN 3P D2A	BKN 3P D2A	BKN 3P D10A
交流接触器				GMC-9R	GMC-9R	GMC-9R	GMC-9R	GMC-9R	GMC-9R	GMC-9R	GMC-9R	GMC-9R	GMC-9R	GMC-9R	GMC-9R	
热继电器				GTH-22	GTH-22	GTH-22	GTH-22	GTH-22	GTH-22	GTH-22	GTH-22	GTH-22	GTH-22	GTH-22	GTH-22	
电流互感器	BH-0.66 50/5															
电机管理控制器																
电压表																
电流表																
多功能表	PG80E-9SY															
电缆型号及规格	YJV-0.6/1kV 5X10		YJV-0.6/1kV 5X4	YJV-0.6/1kV 4X4	YJV-0.6/1kV 4X4	YJV-0.6/1kV 4X4	YJV-0.6/1kV 4X4	YJV-0.6/1kV 4X4	YJV-0.6/1kV 4X4	YJV-0.6/1kV 4X4	YJV-0.6/1kV 4X4	YJV-0.6/1kV 4X4	YJV-0.6/1kV 4X4	YJV-0.6/1kV 4X4		YJV-0.6/1kV 5X4
出线编号			P13	P01	P02	P03	P04	P05	P06	P07	P08	P09	P10	P11		P14

低压开关柜编号 2AA1
低压开关柜型号 GGD型 (800X600X2200)

P307 引自变配电间低压侧

工程名称	荷花堰水厂	阶段	初设
		部分	电气
图名	变电所低压系统图(3/3)	图号	HHYSC-16
设计单位	上海市政工程设计研究总院(集团)第六设计院有限公司	设计时间	2013.10

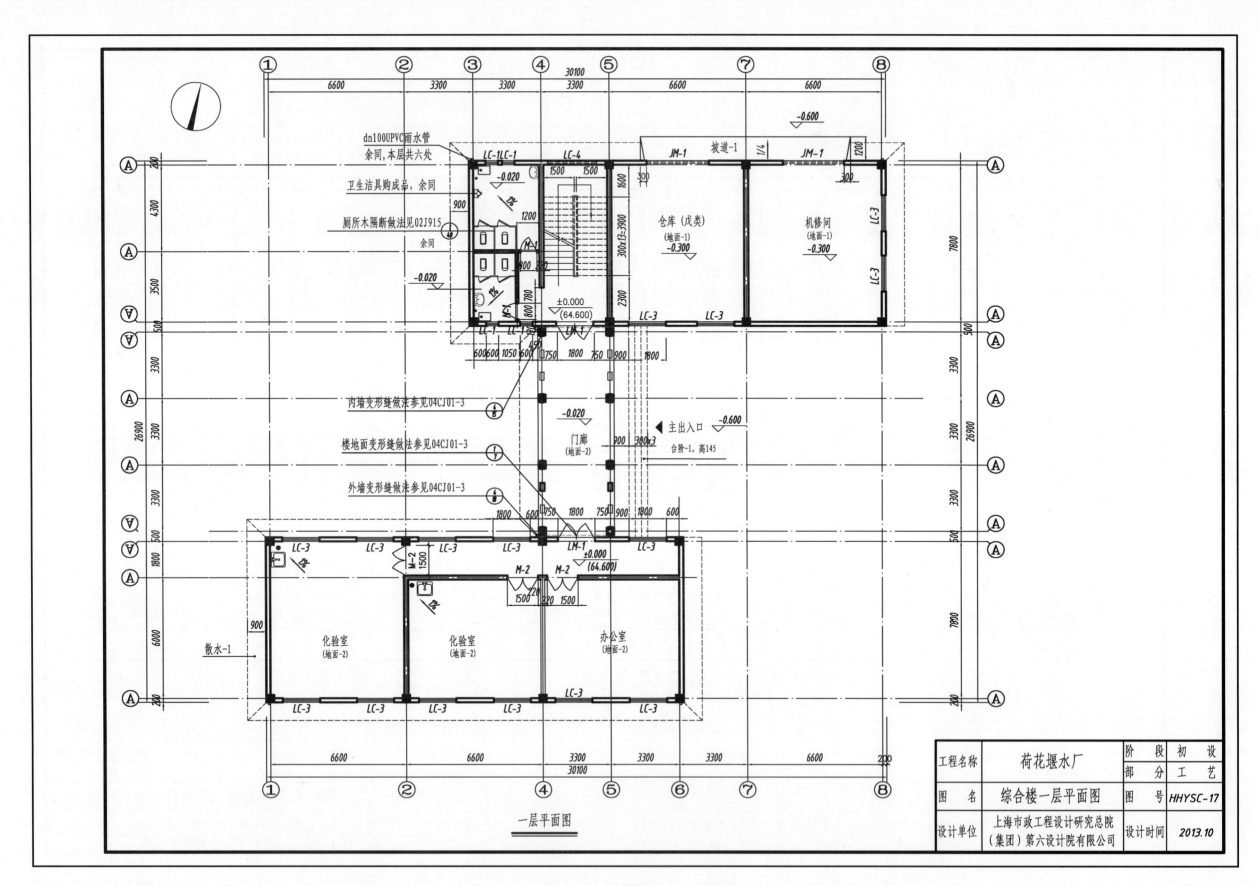

一层平面图

工程名称	荷花堰水厂	阶 段	初 设
		部 分	工 艺
图 名	综合楼一层平面图	图 号	HHYSC-17
设计单位	上海市政工程设计研究总院（集团）第六设计院有限公司	设计时间	2013.10

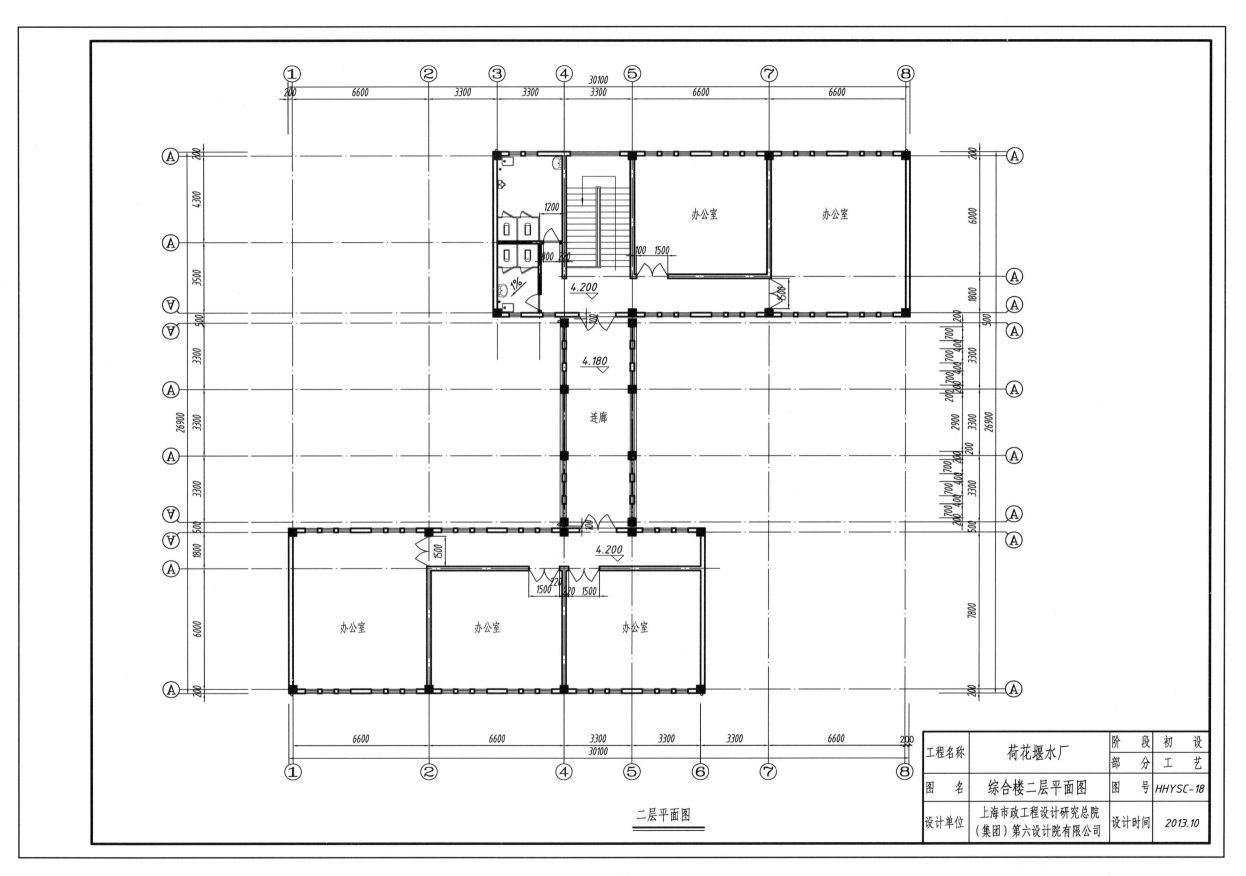

二层平面图

工程名称	荷花堰水厂	阶 段	初 设
		部 分	工 艺
图 名	综合楼二层平面图	图 号	HHYSC-18
设计单位	上海市政工程设计研究总院（集团）第六设计院有限公司	设计时间	2013.10

三、黄山市徽州区坑上村引水工程

（一）工程简介

徽州区坑上村引水工程位于黄山市徽州区西溪南镇坑上行政村伊坑村组，设计供水规模97 m³/d，供水范围为坑上行政村伊坑村组、东充村组、仙王坛村组的237户1273人和牲畜饮水。建设单位为徽州区水利局，设计单位为黄山市水电勘测设计院。

坑上村村民多数依山而住、临水建房，现有饮水水源主要为塘堰水、山泉水、浅水井和溪流水。水源不能达到饮用水卫生标准，水质、水量均得不到保障。

针对当地山泉水丰富又无塘库调节的现实条件，设计方案采取修建拦河坝取水。通过实地勘测，选定仙王坛西北侧大坝取水点山溪水作为主水源，仙王坛西侧小坝作为备用水源。水量丰富，水源地保护良好。水质符合《生活饮用水水源水质标准》（CJ 3020）要求。

根据本工程实地条件，采取工程布置如下：在取水点建拦河坝拦蓄溪流水，坝前设集水池，通过砂卵石初步过滤后进入输水管，原水经过滤池内棕、木炭等进一步过滤后输送至蓄水池，并在蓄水池前采用ML-5L普通型缓释消毒器添加消毒剂，最后由配水管网接入各用水户。其工艺流程图如下：

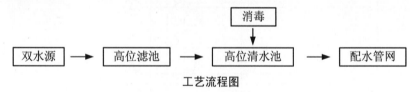

工艺流程图

本工程2012年6月开工，2012年10月完工。目前工程运行正常。

（二）工程特性表

序号	项目名称	单位	数值	备注
一	工程技术经济指标			
1	建设性质			新建
2	设计年限	a	15	
3	供水规模	m³/d	96.6	
4	年供水量	万m³/a	3.53	
5	供水受益行政村数	个	1	坑上行政村（伊坑、仙王坛、东充自然村）
6	供水受益居民人数	人	1273	
7	居民生活用水定额	L/人·d	60	
8	人均综合用水量	L/人·d	75.9	
9	最小服务水头	m	15	
10	时变化系数 K_h		3	

序号	项目名称	单位	数值	备注
11	日变化系数 K_d		1.5	
12	人均投资	元/人	595	
二	主要工程及设备			
1	取水工程	座	1	取水坝一座，坝长5 m，最大坝高1.5 m
2	输水工程	km	4.8	dn110PE管2.0 km、dn75PE管1.2 km、dn63PE管1.3 km、dn50PE管0.3 km
3	净水厂			7.6 m²消毒房（消毒净化）
4	配水工程			DN63闸阀、水表各3个（只），标准水栓15个
5	入户工程			DN20闸阀、水表各237个（只）
三	工程概算	万元	75.8	
四	供水成本	元/m³	1.9	

（三）专家点评

1. 设计特点

（1）以山泉水为供水水源，水质良好，采取双水源取水，提高了水源保证率。

（2）克服了山区供电电源的限制条件，利用高程差采用重力流式消毒，工艺合理，具有山区农村供水的特点。

（3）充分利用地形，采用高位滤池和高位水池，运行成本低。

2. 适用范围

适用于山泉区（溪流水），水质良好、浊度长期不超过20NTU、瞬间不超过60NTU地表水为水源的供水工程。

黄山市坑上村引水工程项目位置示意图

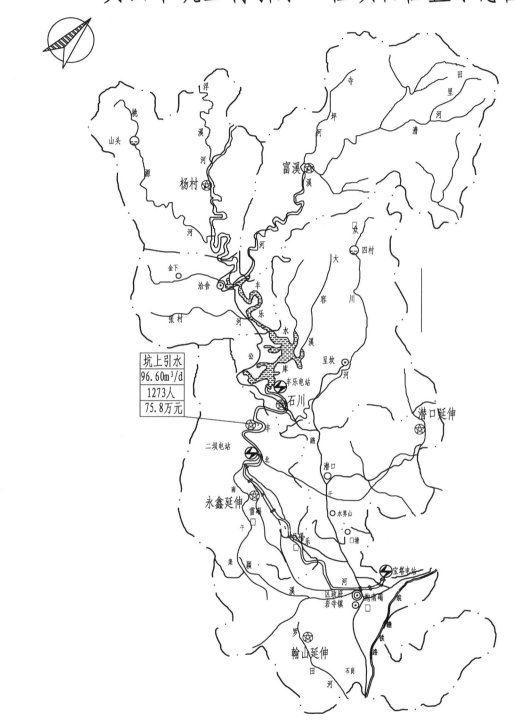

坑上引水
96.60m³/d
1273人
75.8万元

说明

坑上村引山泉水工程受益人口为1273人，受益范围为西溪南镇坑上村，工程型式为引山泉水，工程总投资为75.80万元。

图例

政府驻地	◉
乡镇驻地	⊙
饮水点	✪
乡界	——
河流	⟩
铁路	⚡
电站	⚡
碣坝	⊣

工程名称	坑上村引水工程	阶段	初设
		部分	总图
图名	项目位置示意图	图号	KSYS-01
设计单位	黄山市水电勘测设计院	设计时间	2012.3

工程项目表

序号	项目名称	单位	数值	备注
一	工程技术经济指标			
1	建设性质			新建
2	设计年限	a	15	
3	供水规模	m³/d	96.6	
4	供水受益行政村数	个	1	坑上行政村
5	供水受益居民人数	人	1273	
6	居民生活用水定额	L/人·d	60	
7	人均综合用水量	L/人·d	75.9	
8	最小服务水头	m	15	
9	时变化系数K时		3	
10	日变化系数K日		1.5	
11	设计概算投资	万元	75.8	
12	人均投资	元/人	595	
13	人均管网长度	m/人	6	
二	主要工程及设备		1012	
1	取水工程	座	2	大坝:坝长5m 小坝:坝长3m
2	输配水工程	m	2035	dn110PE管
		m	1240	dn75PE管
		m	1310	dn63PE管
		m	315	dn50PE管
		m	4000	dn20PE管
3	净水厂			7.6m²消毒房

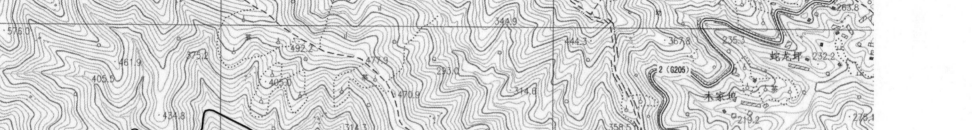

坑上村引水工程工程总体布置图

说明

1. 本图采用1:10000地形图绘制,1954年北京坐标系,1956年黄海高程系,等高距为10m。

2. 徽州区西溪南镇坑上村引山泉水工程主要建设任务:水源地取水点拦水坝及输水管道的建设;
   高位水池及消毒房的建设;配水干管、支管及管网配套附属设施建设。

工程名称	坑上村引水工程	阶 段	初 设
		部 分	总 图
图 名	工程总体布置图	图 号	KSYS-02
设计单位	黄山市水电勘测设计院	设计时间	2012.3

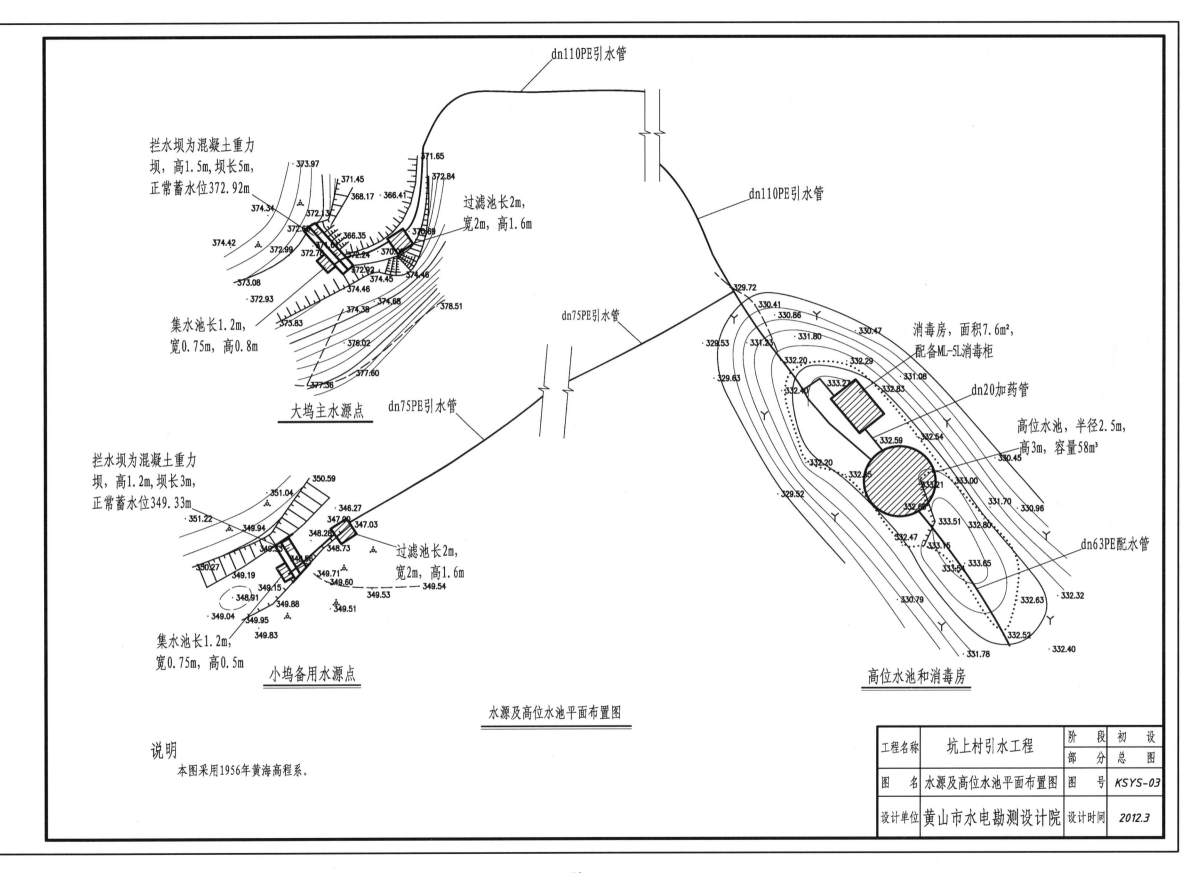

dn110PE引水管

dn110PE引水管

拦水坝为混凝土重力
坝，高1.5m，坝长5m，
正常蓄水位372.92m

过滤池长2m，
宽2m，高1.6m

集水池长1.2m，
宽0.75m，高0.8m

大坞主水源点

dn75PE引水管

dn75PE引水管

拦水坝为混凝土重力
坝，高1.2m，坝长3m，
正常蓄水位349.33m

过滤池长2m，
宽2m，高1.6m

集水池长1.2m，
宽0.75m，高0.5m

小坞备用水源点

消毒房，面积7.6m²，
配备ML-5L消毒柜

dn20加药管

高位水池，半径2.5m，
高3m，容量58m³

dn63PE配水管

高位水池和消毒房

水源及高位水池平面布置图

说明
　　本图采用1956年黄海高程系。

工程名称	坑上村引水工程	阶　段	初　设
		部　分	总　图
图　名	水源及高位水池平面布置图	图　号	KSYS-03
设计单位	黄山市水电勘测设计院	设计时间	2012.3

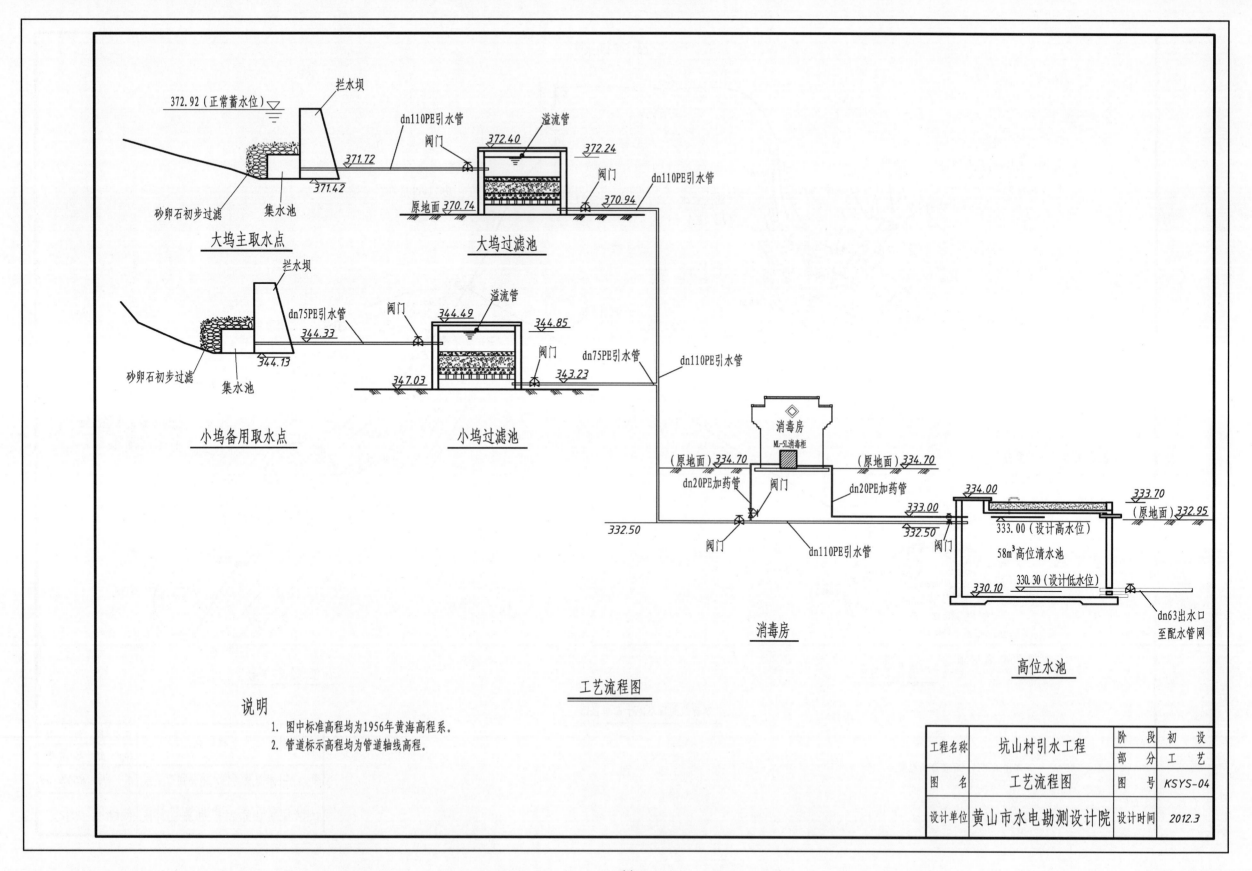

372.92（正常蓄水位）

拦水坝

dn110PE引水管

阀门

溢流管

372.40

372.24

原地面 370.74

370.94

dn110PE引水管

371.72

371.42

砂卵石初步过滤

集水池

大坞主取水点

大坞过滤池

拦水坝

dn75PE引水管

阀门

溢流管

344.49

344.85

344.33

dn75PE引水管

344.13

347.03

343.23

dn110PE引水管

砂卵石初步过滤

集水池

小坞备用取水点

小坞过滤池

消毒房

ML-5L消毒柜

（原地面）334.70

（原地面）334.70

dn20PE加药管

阀门

dn20PE加药管

334.00

333.70

（原地面）332.95

333.00（设计高水位）

333.00

332.50

332.50

58m³高位清水池

330.10

330.30（设计低水位）

dn63出水口
至配水管网

阀门

dn110PE引水管

阀门

消毒房

高位水池

工艺流程图

说明

　　1. 图中标准高程均为1956年黄海高程系。
　　2. 管道标示高程均为管道轴线高程。

工程名称	坑山村引水工程	阶　段	初　设
		部　分	工　艺
图　名	工艺流程图	图　号	KSYS-04
设计单位	黄山市水电勘测设计院	设计时间	2012.3

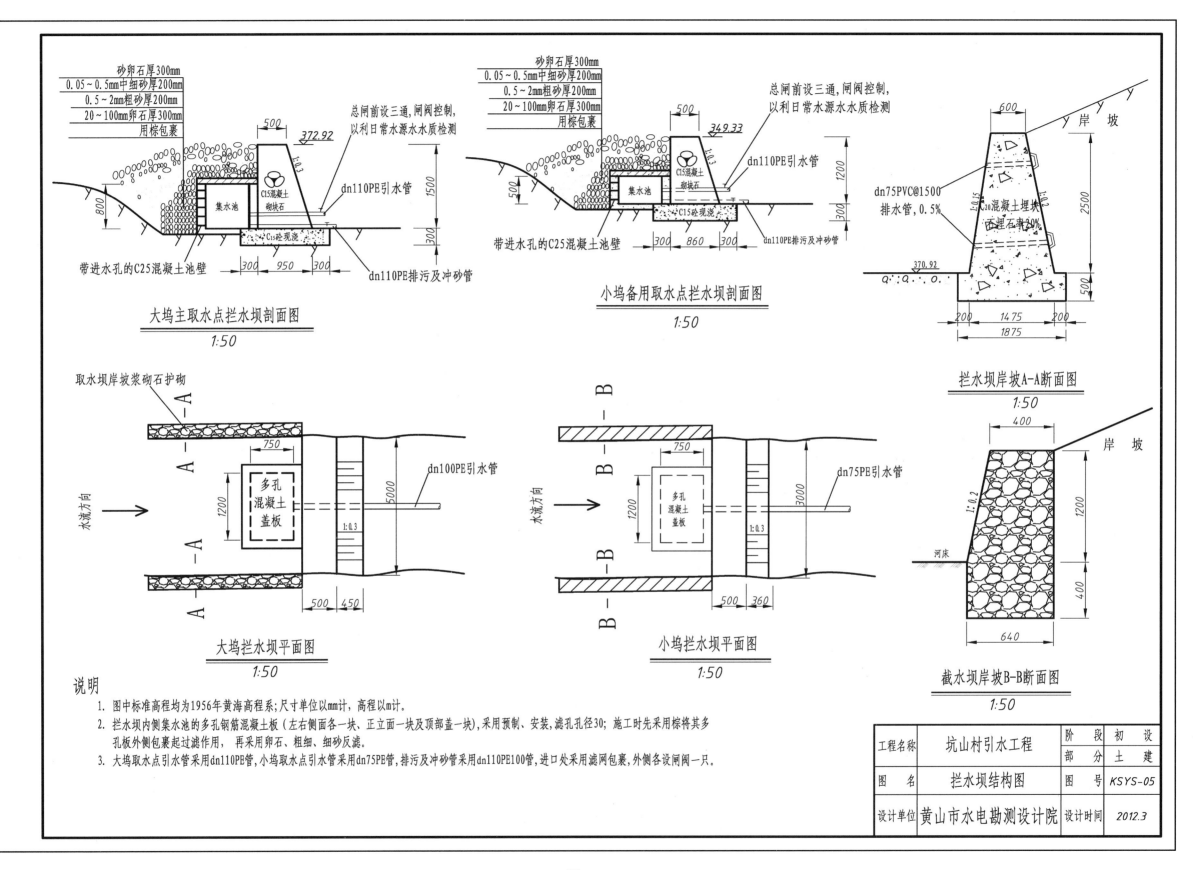

砂卵石厚300mm
0.05~0.5mm中细砂厚200mm
0.5~2mm粗砂厚200mm
20~100mm卵石厚300mm
用棕包裹

500
372.92

C15混凝土砌块石

总闸前设三通,闸阀控制,
以利日常水源水质检测

dn110PE引水管

集水池

1500

C15砼现浇

800

300

带进水孔的C25混凝土池壁

300 950 300

dn110PE排污及冲砂管

大坝主取水点拦水坝剖面图
1:50

砂卵石厚300mm
0.05~0.5mm中细砂厚200mm
0.5~2mm粗砂厚300mm
20~100mm卵石厚300mm
用棕包裹

500
349.33

C15混凝土砌块石

总闸前设三通,闸阀控制,
以利日常水源水水质检测

dn110PE引水管

集水池

1200

500

C15砼现浇

300

300 860 300

dn110PE排污及冲砂管

带进水孔的C25混凝土池壁

小坞备用取水点拦水坝剖面图
1:50

600
岸坡

dn75PVC@1500
排水管,0.5%

C20混凝土埋块
石埋石率20%

2500

370.92

200 14 75 200
1875

500

拦水坝岸坡A-A断面图
1:50

取水坝岸坡浆砌石护砌

A—A

750

多孔
混凝土
盖板

1200

水流方向

A—A

1:0.3

5000

dn100PE引水管

500 450

大坞拦水坝平面图
1:50

B—B

750

多孔
混凝土
盖板

1200

水流方向

B—B

1:0.3

3000

dn75PE引水管

500 360

小坞拦水坝平面图
1:50

400

岸坡

1:0.2

1200

河床

640

400

截水坝岸坡B-B断面图
1:50

说明

1. 图中标准高程均为1956年黄海高程系;尺寸单位以mm计,高程以m计。
2. 拦水坝内侧集水池的多孔钢筋混凝土板(左右侧面各一块、正立面一块及顶部盖一块),采用预制、安装,滤孔孔径30;施工时先采用棕将其多孔板外侧包裹起过滤作用, 再采用卵石、粗细、细砂反滤。
3. 大坝取水点引水管采用dn110PE管,小坞取水点引水管采用dn75PE管,排污及冲砂管采用dn110PE100管,进口处采用滤网包裹,外侧各设闸阀一只。

工程名称	坑山村引水工程	阶 段	初 设
		部 分	土 建
图 名	拦水坝结构图	图 号	KSYS-05
设计单位	黄山市水电勘测设计院	设计时间	2012.3

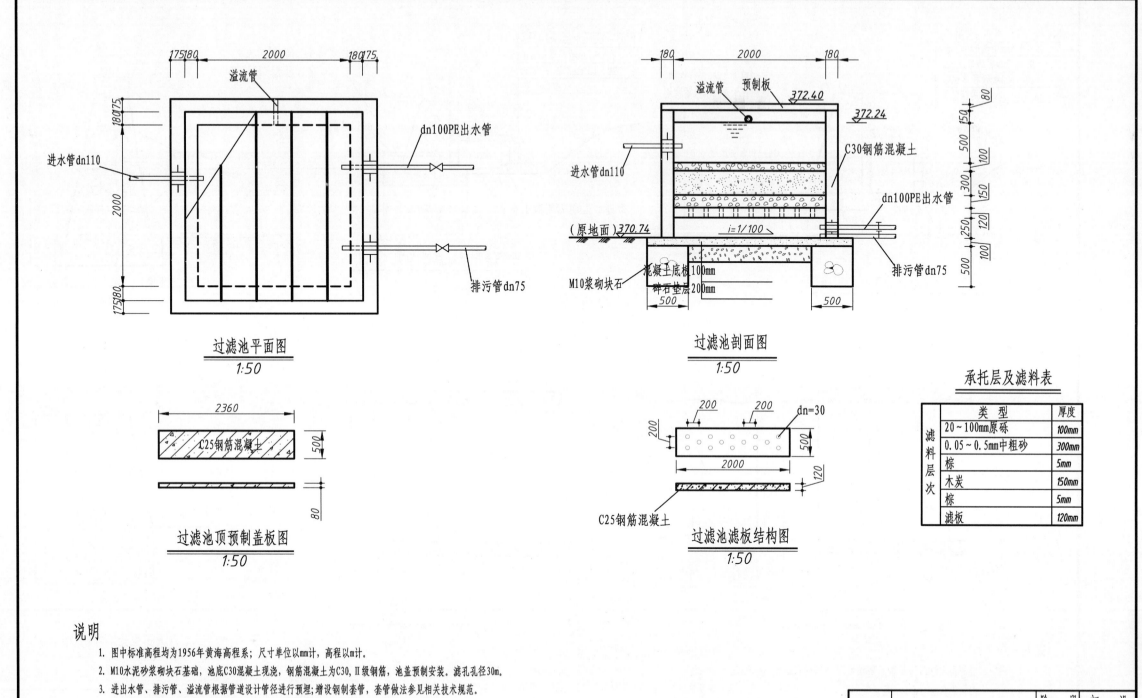

过滤池平面图
1:50

过滤池剖面图
1:50

过滤池顶预制盖板图
1:50

过滤池滤板结构图
1:50

承托层及滤料表

	类 型	厚度
滤料层层次	20~100mm原砾	100mm
	0.05~0.5mm中粗砂	300mm
	棕	5mm
	木炭	150mm
	棕	5mm
	滤板	120mm

说明

1. 图中标准高程均为1956年黄海高程系；尺寸单位以mm计，高程以m计。
2. M10水泥砂浆砌块石基础，池底C30混凝土现浇，钢筋混凝土为C30，Ⅱ级钢筋，池盖预制安装。滤孔孔径30m。
3. 进出水管、排污管、溢流管根据管道设计管径进行预埋；增设钢制套管，套管做法参见相关技术规范。
4. 为便于清洗和更换滤料，预制盖板留2块不于嵌缝，滤板支墩采用青砖砌筑，滤料每年更换一次。
5. 抹灰工程采用1：2水泥砂浆掺防水剂批抹，盖板不掺防水剂。

工程名称	坑上村引水工程	阶 段	初 设
		部 分	土 建
图 名	过滤池结构图	图 号	KSYS-06
设计单位	黄山市水电勘测设计院	设计时间	2012.3

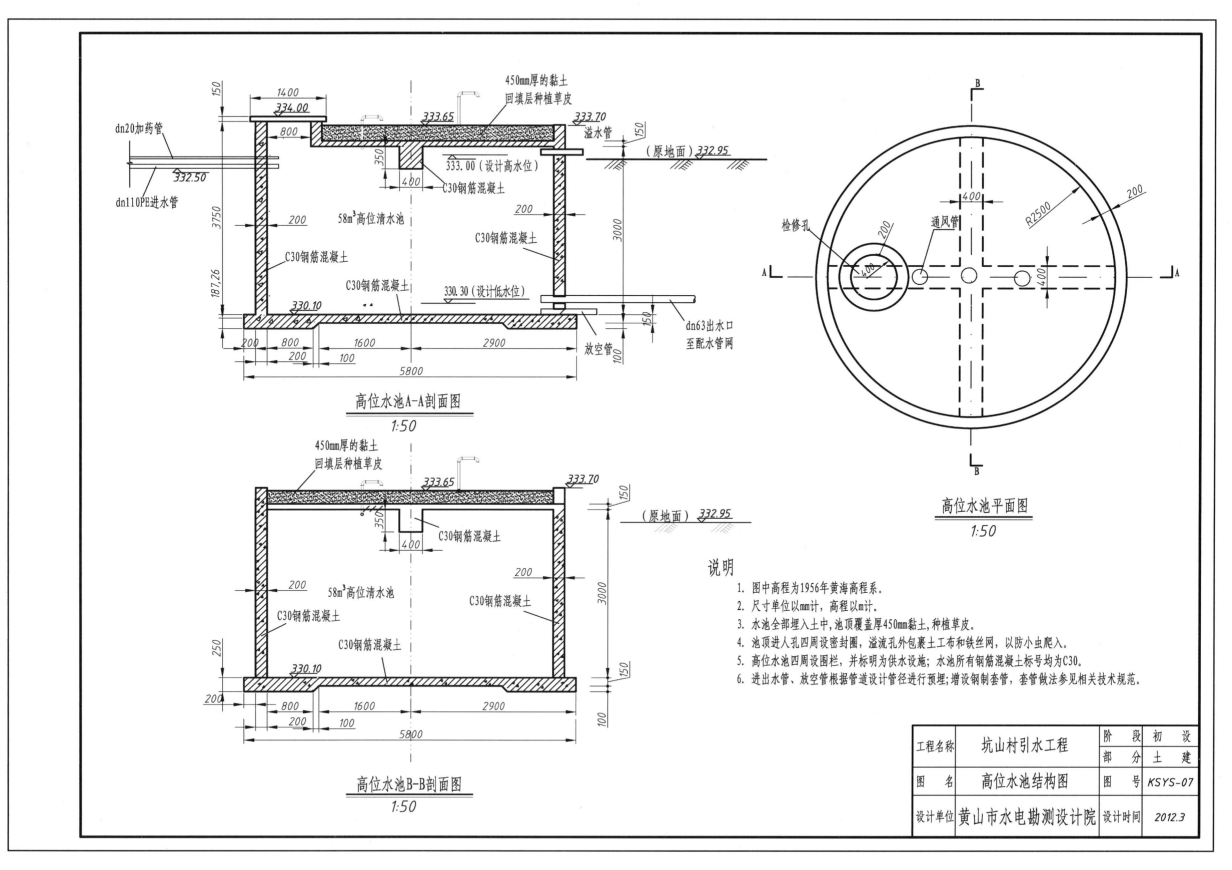

dn20加药管

450mm厚的黏土回填层种植草皮

1400
334.00
800
333.65
333.70
溢水管
150
(原地面) 332.95
350
333.00 (设计高水位)
400
C30钢筋混凝土
332.50
dn110PE进水管
3750
200
58m³高位清水池
200
3000
C30钢筋混凝土
C30钢筋混凝土
187.26
C30钢筋混凝土
330.30 (设计低水位)
150
dn63出水口至配水管网
330.10
100
200 800 1600 2900
放空管
200 100
5800

高位水池A-A剖面图
1:50

450mm厚的黏土回填层种植草皮

333.65
333.70
150
350
(原地面) 332.95
400
C30钢筋混凝土
200
58m³高位清水池
200
3000
C30钢筋混凝土
C30钢筋混凝土
250
C30钢筋混凝土
330.10
150
200
800 1600 2900
200 100
100
5800

高位水池B-B剖面图
1:50

B

检修孔
400
200
R2500
200
通风管
A
200
400
400
A
B

高位水池平面图
1:50

说明

1. 图中高程为1956年黄海高程系。
2. 尺寸单位以mm计，高程以m计。
3. 水池全部埋入土中，池顶覆盖厚450mm黏土，种植草皮。
4. 池顶进人孔四周设密封圈，溢流孔外包裹土工布和铁丝网，以防小虫爬入。
5. 高位水池四周设围栏，并标明为供水设施；水池所有钢筋混凝土标号均为C30。
6. 进出水管、放空管根据管道设计管径进行预埋；增设钢制套管，套管做法参见相关技术规范。

工程名称	坑山村引水工程	阶 段	初 设
		部 分	土 建
图 名	高位水池结构图	图 号	KSYS-07
设计单位	黄山市水电勘测设计院	设计时间	2012.3

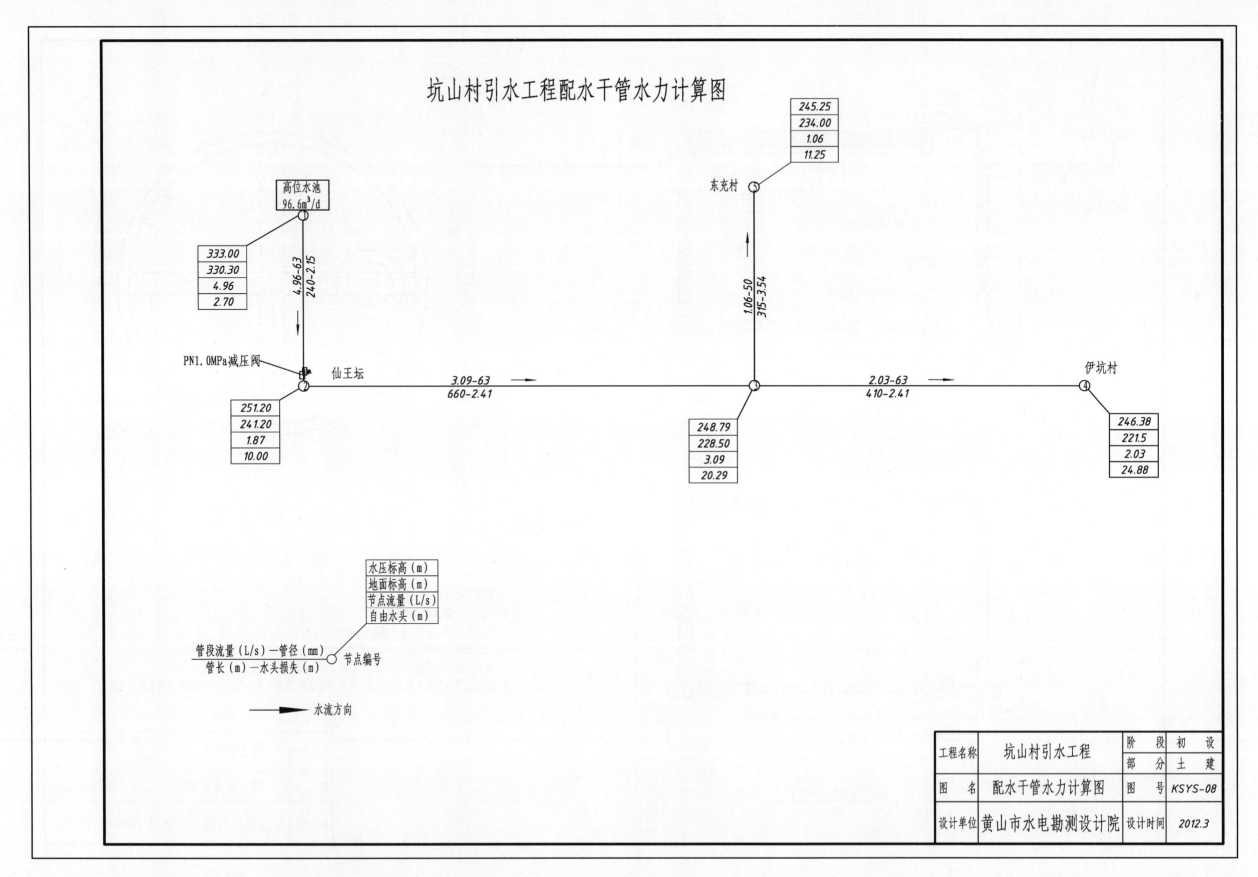

坑山村引水工程配水干管水力计算图

高位水池
96.6m³/d

| 333.00 |
| 330.30 |
| 4.96 |
| 2.70 |

4.96-63
240-2.15

PN1.0MPa减压阀   仙王坛

| 251.20 |
| 241.20 |
| 1.87 |
| 10.00 |

3.09-63
660-2.41

东充村

| 245.25 |
| 234.00 |
| 1.06 |
| 11.25 |

1.06-50
315-3.54

| 248.79 |
| 228.50 |
| 3.09 |
| 20.29 |

2.03-63
410-2.41

伊坑村

| 246.38 |
| 221.5 |
| 2.03 |
| 24.88 |

| 水压标高（m） |
| 地面标高（m） |
| 节点流量（L/s） |
| 自由水头（m） |

管段流量（L/s）－管径（mm）
──────────────────────── 节点编号
管长（m）－水头损失（m）

➤ 水流方向

工程名称	坑山村引水工程	阶　段	初　设
		部　分	土　建
图　名	配水干管水力计算图	图　号	KSYS-08
设计单位	黄山市水电勘测设计院	设计时间	2012.3

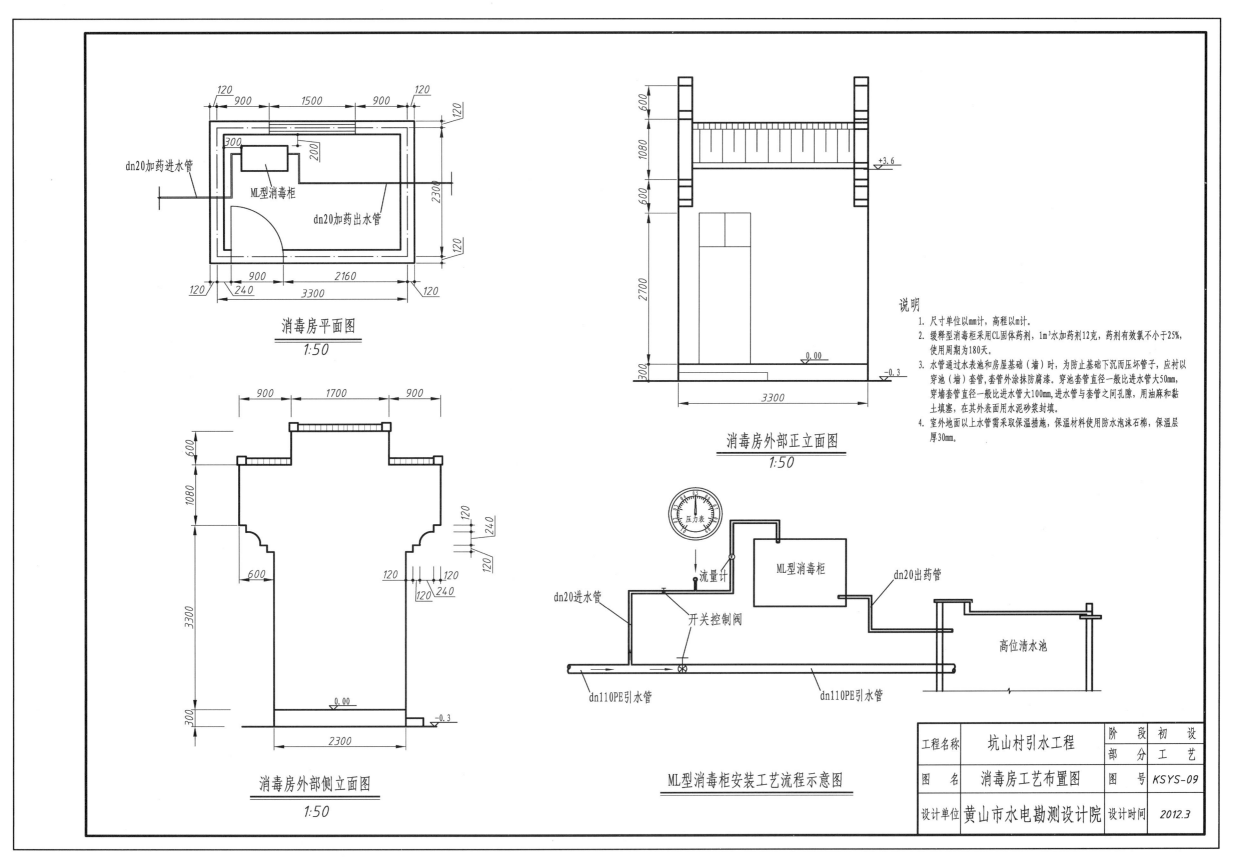

消毒房平面图
1:50

dn20加药进水管

ML型消毒柜

dn20加药出水管

消毒房外部侧立面图
1:50

消毒房外部正立面图
1:50

说明
1. 尺寸单位以mm计，高程以m计。
2. 缓释型消毒柜采用CL固体药剂，1m³水加药剂12克，药剂有效氯不小于25%，使用周期为180天。
3. 水管通过水表池和房屋基础（墙）时，为防止基础下沉而压坏管子，应村以穿池（墙）套管，套管外涂抹防腐漆。穿池套管直径一般比进水管大50mm，穿墙套管直径一般比进水管大100mm，进水管与套管之间孔隙，用油麻和黏土填塞，在其外表面用水泥砂浆封填。
4. 室外地面以上水管需采取保温措施，保温材料使用防水泡沫石棉，保温层厚30mm。

压力表

流量计

ML型消毒柜

dn20出药管

dn20进水管

开关控制阀

高位清水池

dn110PE引水管

dn110PE引水管

ML型消毒柜安装工艺流程示意图

工程名称	坑山村引水工程	阶 段	初 设
部 分			工 艺
图 名	消毒房工艺布置图	图 号	KSYS-09
设计单位	黄山市水电勘测设计院	设计时间	2012.3

四、滁州市明光市燕子湾水厂（固定式水库取水）

（一）工程简介

燕子湾自来水厂位于明光市张八岭镇关山村，供水规模6000 m³/d，供水区范围包括张八岭、自来桥2个乡镇的18个社区（行政村），总人口6.67万人。项目法人为明光市农村饮水安全项目建设管理处，设计单位为滁州市水利勘测设计院。

供水区范围内饮水不安全类型主要为饮用苦咸水、水源保证率低和其他水质问题。

供水水源为明光市燕子湾水库，水库控制来水面积33 km²，总库容1364 万m³。设计供水保证率为95%。水库水质满足《地表水环境质量标准》（GB 3838-2002）Ⅲ类指标要求。具体数据见下表：

水库取水口特征水位统计表

取水地点	特征水位	标高（m）
水库滩地	设计防洪水位	56.06
	设计水位	49.00
	多年平均水位	52.50
	最低运行水位	48.50
	最高运行水位	54.00

上表中高程系为吴淞高程系（下同）。

取水工程由取水头部、集水井、取水泵房、变电所组成。取水头部采用矩形钢筋混凝土结构。集水井与泵房合建；变压器采用户外杆上安装形式。泵房内安装3台卧式离心水泵，2用1备，抽水机组采用真空式吸水。供水工艺流程简图如下：

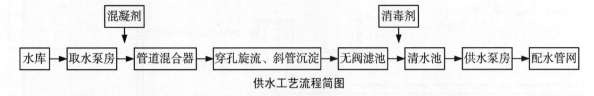

供水工艺流程简图

水厂开建日期为2010年11月，建成日期为2011年8月。水厂自建成运行至今，取水、净水工艺设备运行良好，出厂水水质满足《生活饮用水卫生标准》（GB 5749-2006）。

（二）工程特性表

序号	项目名称	单位	数值	备注
一	工程技术经济指标			
1	建设性质			
2	设计年限	a	15	
3	供水规模	m³/d	6000	
4	供水受益行政村数	个	18	
5	供水受益村民人数	万人	6.67	
6	居民生活用水定额	L/人·d	70	
7	人均综合用水量	L/人·d	104	
8	最小服务水头	m	12	
9	时变化系数 K_h		1.8	
10	日变化系数 K_d		1.5	
二	主要工程及设备			
1	取水工程			
1.1	取水泵	台	3	单台流量150 m³/h，扬程30.0 m，功率22 kW
1.2	S11-80/10	台	1	
2	输水工程			
2.1	dn315 PE100	m	200	
3	净水厂			
3.1	穿孔旋流、斜管沉淀	座	2	
3.2	重力式无阀滤池	座	2	
3.3	600m³ 清水池	座	2	
3.4	供水泵房			含送水泵4台，变频控制柜1台
4	配水主管网	m	13212	PE100 dn315~dn50
三	工程概算	万元	885.81	
四	供水成本	元/m³	0.98	运行成本

（三）专家点评

1. 设计特点

（1）集水井与泵房合建，呈阶梯形布置，设备布置紧凑，总建筑面积较小，节约投资。

（2）取水头部伸至水库中心，利用自流管取水，保证率高。

2. 适用范围

水库水质微污染时，采取预氧化处理工艺。

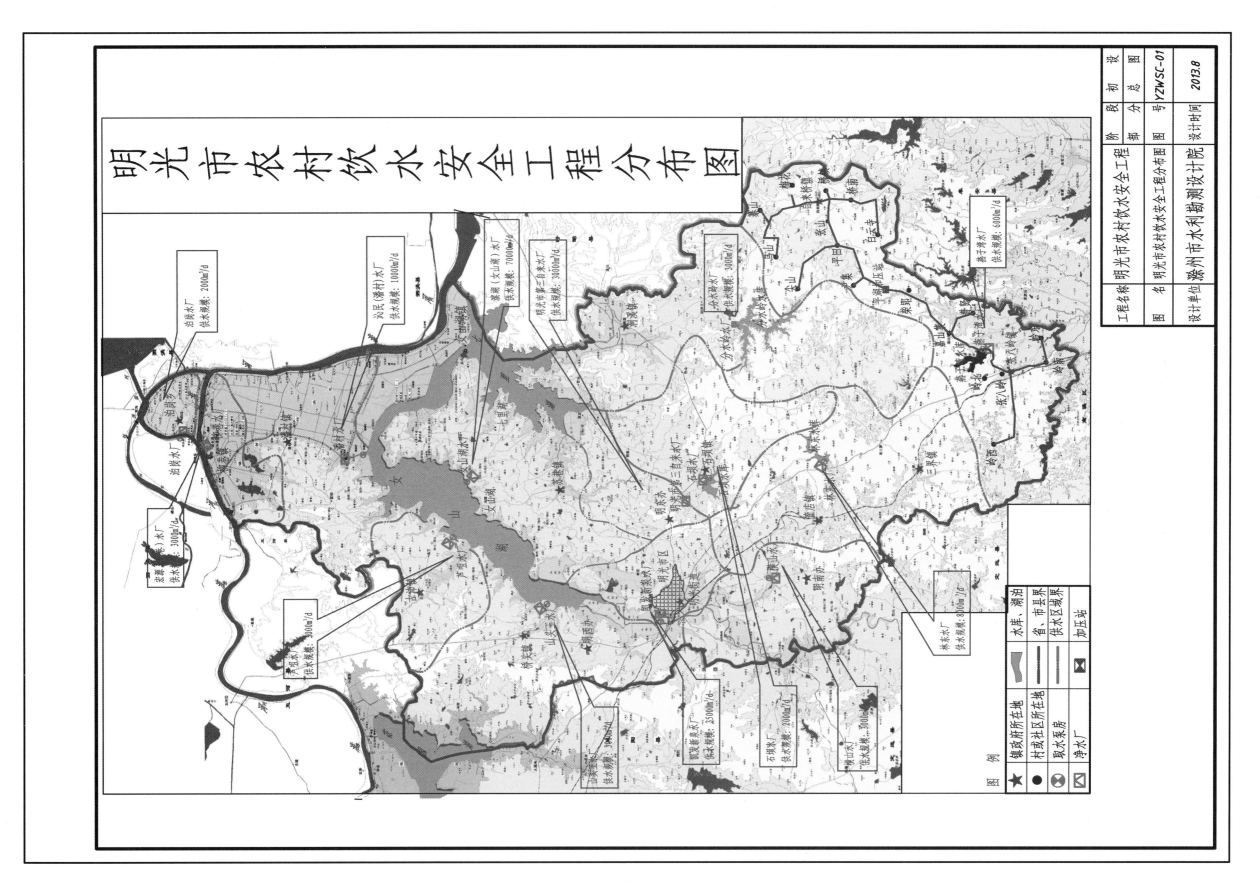

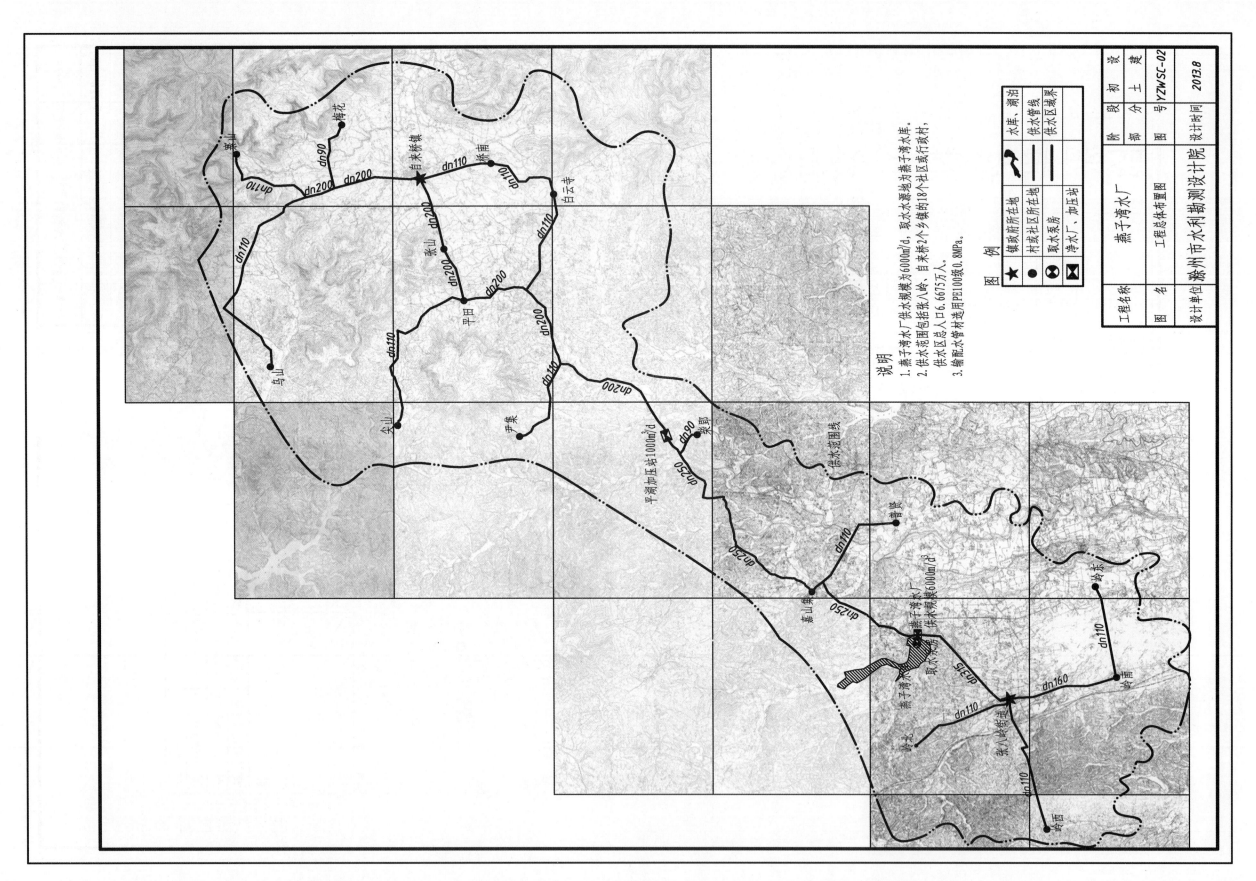

说明
1. 燕子湾水厂供水规模为6000m³/d,取水水源地为燕子湾水库。
2. 供水范围包括张八岭、自来桥2个乡镇的18个社区或行政村,供水区总人口6.6675万人。
3. 输配水管选用PE100级0.8MPa。

图例

符号	名称
★	镇政府所在地
●	村或社区所在地
⊙	取水泵房
⊠	净水厂、加压站
~	水库、湖泊
——	供水管线
━━	供水区域界

工程名称	燕子湾水厂		阶段	初设
图名	工程总体布置图		部分	土建
设计单位	滁州市水利勘测设计院		图号	YZWSC-02
			设计时间	2013.8

-72-

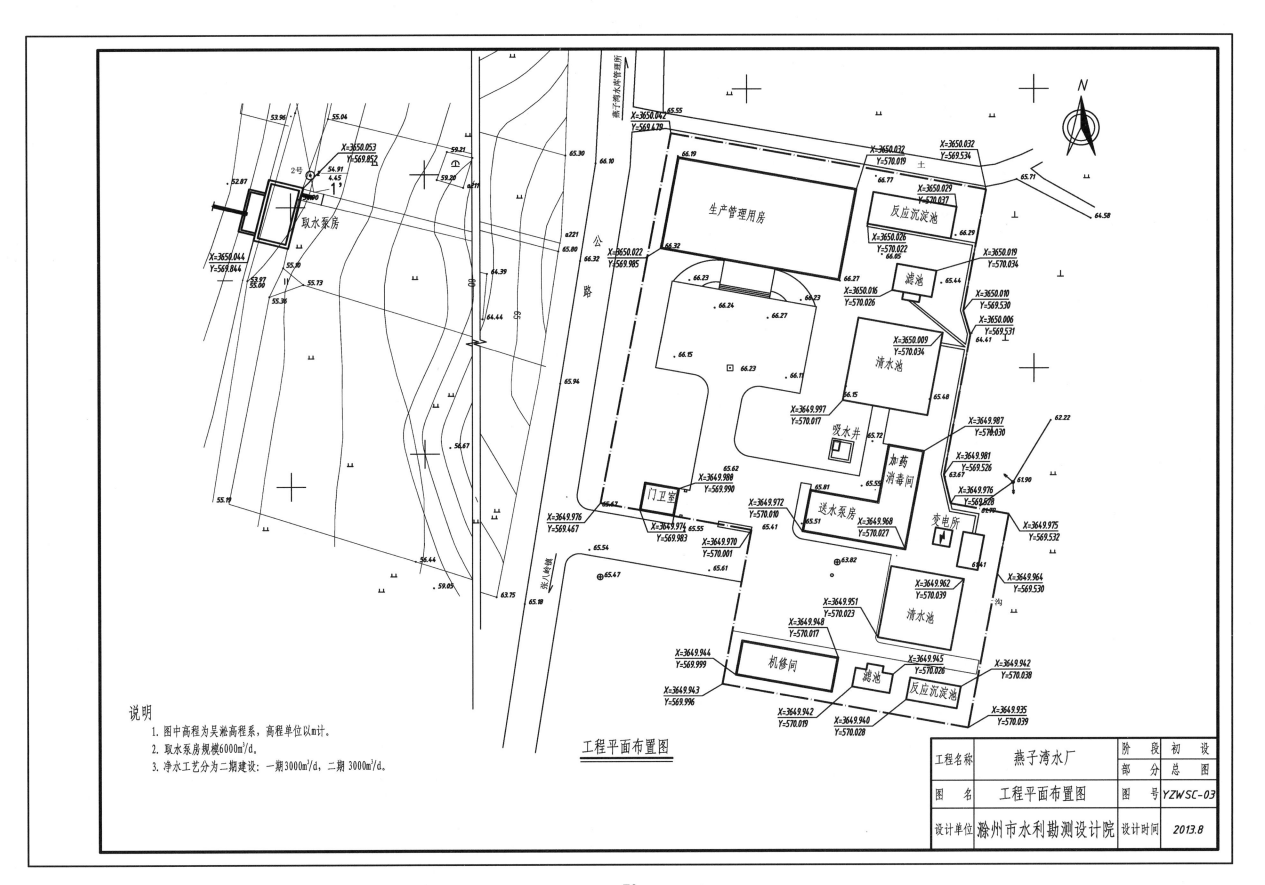

工程平面布置图

说明

1. 图中高程为吴淞高程系，高程单位以m计。
2. 取水泵房规模6000m³/d。
3. 净水工艺分为二期建设：一期3000m³/d，二期3000m³/d。

取水泵房

生产管理用房

反应沉淀池

滤池

清水池

吸水井

加药消毒间

门卫室

送水泵房

变电所

清水池

机修间

滤池

反应沉淀池

工程名称	燕子湾水厂	阶　段	初　设
		部　分	总　图
图　名	工程平面布置图	图　号	YZWSC-03
设计单位	滁州市水利勘测设计院	设计时间	2013.8

- 73 -

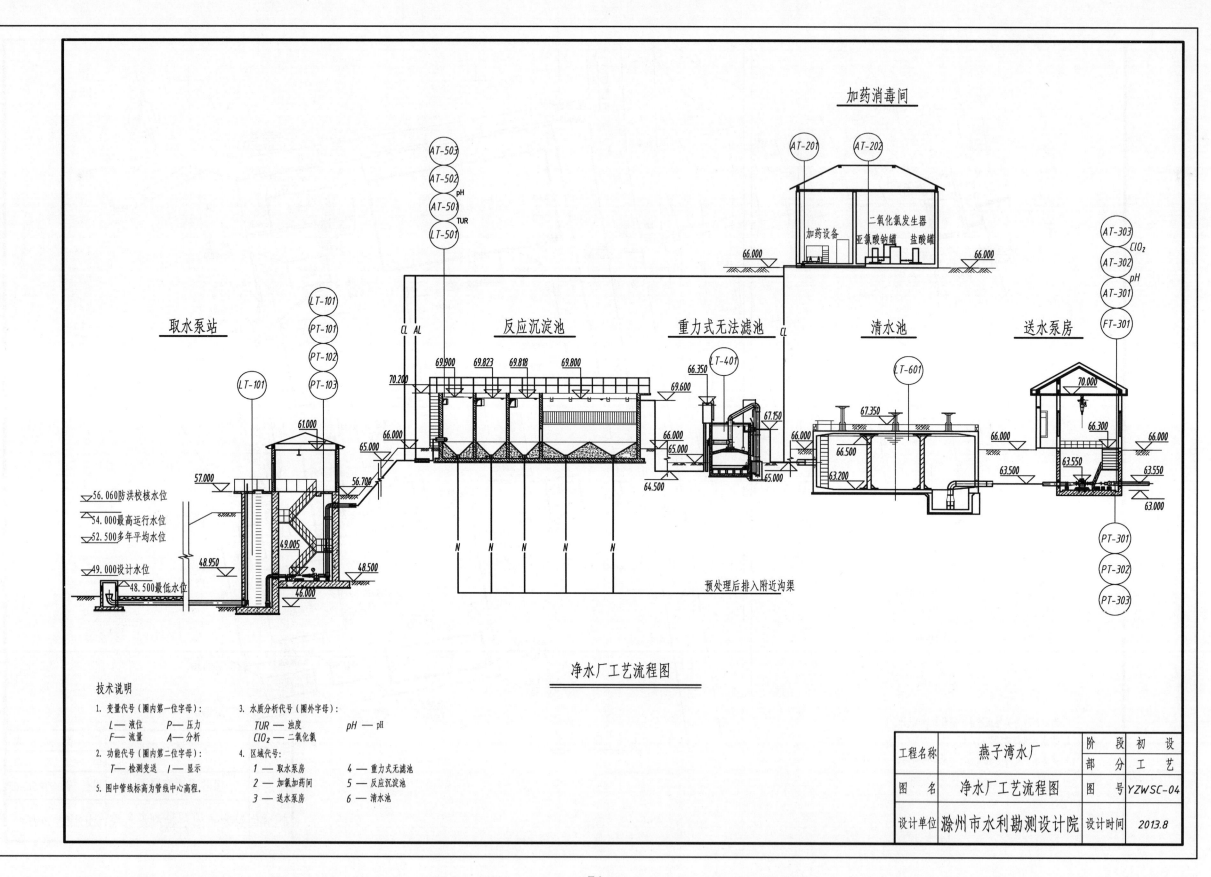

净水厂工艺流程图

加药消毒间

AT-201 AT-202

二氧化氯发生器
加药设备 亚氯酸钠罐 盐酸罐

取水泵站

LT-101
PT-101
PT-102
PT-103
LT-101

61.000
57.000
56.700
56.060防洪校核水位
54.000最高运行水位
52.500多年平均水位
49.005
48.950
49.000设计水位
48.500
48.500最低水位
46.000

反应沉淀池

AT-503
AT-502 pH
AT-501 TUR
LT-501

CL AL

69.900 69.823 69.818 69.800
70.200
66.000
65.000
N N N N

预处理后排入附近沟渠

重力式无法滤池

LT-401
66.350
69.600
67.150
66.000
65.000
64.500
CL

清水池

LT-601
67.350
66.000
66.500
63.200

送水泵房

AT-303 ClO₂
AT-302 pH
AT-301
FT-301

70.000
66.300
66.000
63.550
63.550
63.500
63.000
PT-301
PT-302
PT-303

66.000

净水厂工艺流程图

技术说明

1. 变量代号（圆内第一位字母）：
   L — 液位   P — 压力
   F — 流量   A — 分析
2. 功能代号（圆内第二位字母）：
   T — 检测变送   I — 显示
3. 水质分析代号（圆外字母）：
   TUR — 浊度   pH — pH
   ClO₂ — 二氧化氯
4. 区域代号：
   1 — 取水泵房   4 — 重力式无滤池
   2 — 加氯加药间 5 — 反应沉淀池
   3 — 送水泵房   6 — 清水池
5. 图中管线标高为管线中心高程。

工程名称	燕子湾水厂	阶 段	初 设
		部 分	工 艺
图 名	净水厂工艺流程图	图 号	YZWSC-04
设计单位	滁州市水利勘测设计院	设计时间	2013.8

设备及管配件数量表

序号	名 称	规 格	材料	数量	单位	备 注
1	单级双吸蜗壳式离心泵	Q=150m³/h H=30m N=22kW	成品	3	台	2用1备
2	排水泵	Q=5m³/h H=20m N=2.2kW	成品	1	台	
3	电动葫芦	起重量1t,起吊高度15m	成品	1	套	带11.1m长32a工字钢
4	喇叭口	DN400×DN600	Q235A	1	个	参照图集《02S403》P110
5	90°弯头	DN400	Q235A	1	个	参照图集《02S403》P6
6	钢管	DN400	Q235A	150	m	
7	刚性防水套管	DN400	Q235A	2		参照图集《02S404》P15
8	长柄阀	DN400	成品	1	套	
9	喇叭口支架	DN400	Q235A	3		参照图集《02S403》P113
10	喇叭口	DN250×DN400	Q235A	3	个	参照图集《02S403》P110
11	单法兰钢管	DN250 L=2.05m	Q235A	3	根	
12	90°弯头	DN250	Q235A	3	个	参照图集《02S403》P6
13	柔性防水套管	DN250	Q235A	3	个	参照图集《02S403》P6
14	单法兰钢管	DN250 L=1.40m	Q235A	3	根	
15	电动蝶阀	DN250	成品	3	套	
16	偏心异径管	DN250×DN150	Q235A	3	个	参照图集《02S403》P60
17	同心异径管	DN100×DN250	Q235A	3	个	参照图集《02S403》P60
18	伸缩节	DN250	成品	3	套	
19	双法兰钢管	DN250 L=0.2m	Q235A	3	根	
20	真空压力表	-0.1~0.9MPa	成品	3	套	
21	缓闭式止回阀	DN250	成品	3	套	
22	电动蝶阀	DN250	成品	3	套	
23	双法兰钢管	DN250 L=0.5m	Q235A	3	根	
24	异径三通	DN300×DN250	Q235A	3	个	参照图集《02S403》P38
25	双法兰钢管	DN300 L=1.35m	Q235A	2	根	
26	双法兰钢管	DN300 L=2.30m	Q235A	1	根	
27	管堵	DN300	Q235A	1	个	参照图集《02S403》P89
28	90°弯头	DN300	Q235A	1	个	参照图集《02S403》P6
29	单法兰钢管	DN300 L=6.90m	Q235A	1	根	
30	钢管支架	DN300	Q235A	1	套	参照图集《03S402》P80
31	柔性防水套管	DN300	Q235A	1	个	参照图集《02S404》P6
32	电磁流量计	DN300	成品	1	套	
33	真空泵	SZ-2	成品	1	套	配套真空管路系统

泵站设计总说明

1.图中高程为吴淞高程系,高程单位以m计,其余尺寸均以mm计。

2.泵站型式采用堤内干式泵房,取水泵房规模6000m³/d。泵站选用3台单级双吸中开蜗壳式离心泵,2用1备,单机流量150m³/h,扬程30m,单机功率22kW,设计总流量275.0m³/h。

3.管材采用无缝钢管,壁厚8mm,图中所注管径均为公称直径。

4.吸水井利用一根DN400钢管至取水头部引水,取水头部两侧各设平板网格,尺寸500mm×500mm;水泵进水管、出水管采用DN250钢管,出水总管采用DN300钢管,明敷时均采用法兰联接,暗敷时采用焊接连接。

5.钢管除锈应达到国标Sa2.5,方可进行防腐处理。埋地敷设的钢制管件,防腐处理如下:
外防腐:底漆:IPN8710-1防腐涂料一道喷涂;面漆:IPN8710-2B三道喷涂,总干膜厚度大于0.2mm;
内防腐:IPN8710-2B四道喷涂,总干膜厚度大于0.2mm,或采用经食品卫生检验合格的其他防腐涂料;
外露钢管件及钢结构采用底层铁红环氧底漆,中间层环氧树脂漆,面层环氧漆可用多种颜色防腐。

6.焊接钢管及配件其电焊质量按有关规则操作,必须连续焊接,外表须平整、光滑,不应有夹渣、气孔及裂缝出现。焊条材质、焊接要求均应按有关规范、规定执行。

7.钢制管法兰规格,除说明外,均为0.6MPa。所有穿混凝土管道均埋防水套管,防水套管做法可详见标准图集02S404;钢制管考叉及异径管等钢制管件的做法可详见标准图集02S403。

8.验收及施工质量要求:
(1)规范:《现场设备及工业管道焊接工程施工及验收规范》(GB50236-98);
《给水排水管道工程施工及验收规范》(GB50268-2008)及国家现行规范和标准等。
(2)遵照国家现行各项规定、法规进行施工,确保工程质量。

9.本设计中的所有设备的基础图待设备招标完,根据厂家样本件校核对尺寸后,方可施工;设备安装应在设备厂家技术人员的指导下进行。

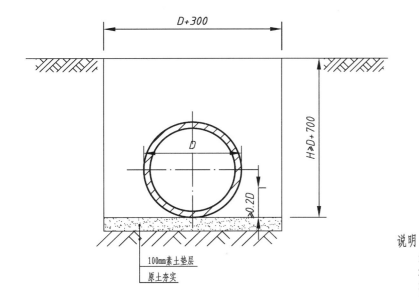

100mm素土垫层

原土夯实

原水管沟槽开挖断面图

说明

1.管区回填应分层对称回填,两侧填土筑高差不应超过300mm。

2.用动力打夯机械时,虚铺厚度不大于300mm;用人工夯实时,虚铺厚度不大于200mm。

3.管腋部填土必须塞平、捣实,保证与管道紧密结合。

4.管区管顶部分填土施工,应采用人工夯打或轻型机械压实,严禁压实机械直接作用在管道上。

5.按设计或施工规范要求回填。

工程名称	燕子湾水厂	阶 段	初 设
		部 分	土 建
图 名	泵站设计总说明	图 号	YZWSC-05
设计单位	滁州市水利勘测设计院	设计时间	2013.8

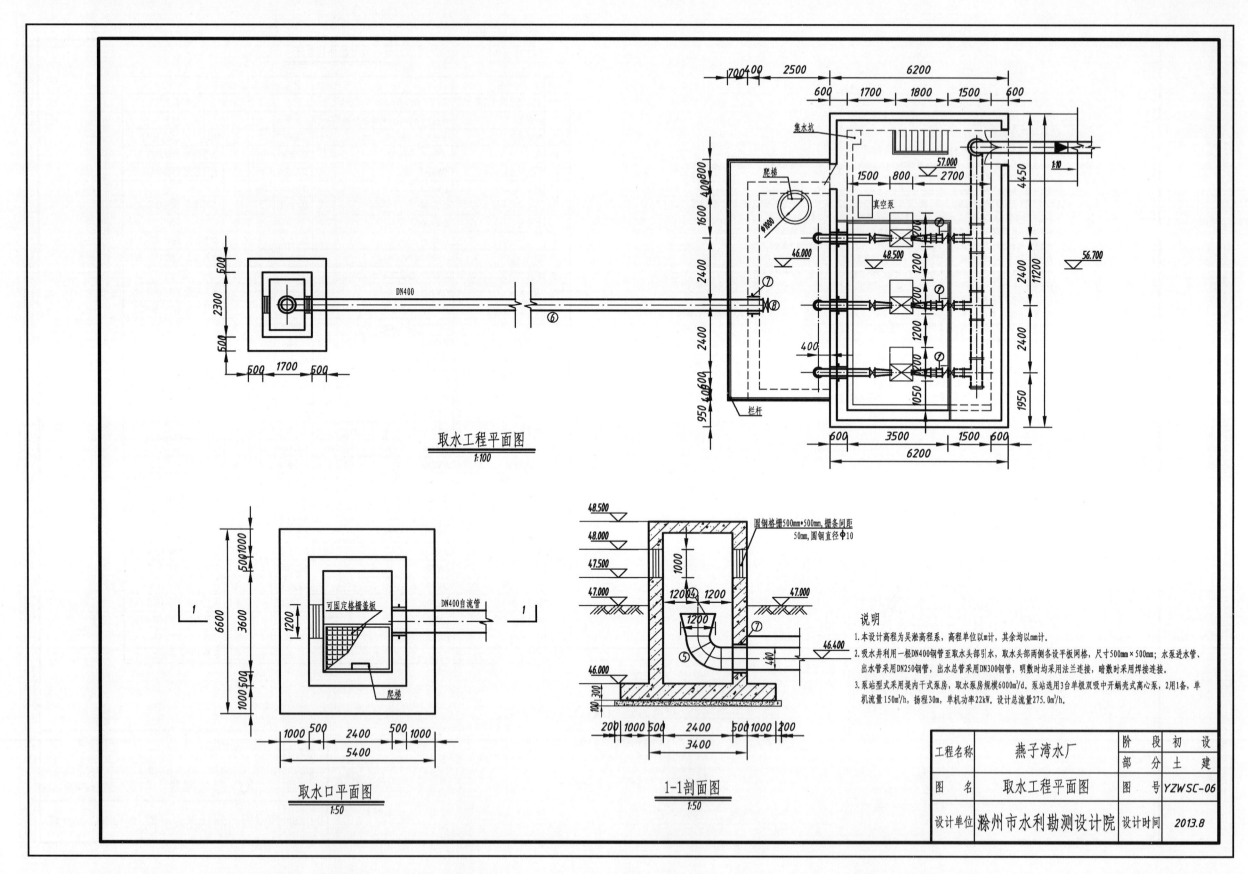

取水工程平面图
1:100

取水口平面图
1:50

1-1剖面图
1:50

圆钢格栅500mm*500mm,栅条间距
50mm,圆钢直径Φ10

说明
1.本设计高程为吴淞高程系,高程单位以m计,其余均以mm计.
2.吸水井利用一根DN400钢管至取水头部引水,取水头部两侧各设平板网格,尺寸500mm×500mm;水泵进水管、出水管采用DN250钢管,出水总管采用DN300钢管,明敷时均采用法兰连接,暗敷时采用焊接连接.
3.泵站型式采用提内干式泵房,取水泵房规模6000m³/d。泵站选用3台单级双吸中开蜗壳式离心泵,2用1备,单机流量150m³/h,扬程30m,单机功率22kW.设计总流量275.0m³/h.

工程名称	燕子湾水厂	阶 段	初 设
		部 分	土 建
图 名	取水工程平面图	图 号	YZWSC-06
设计单位	滁州市水利勘测设计院	设计时间	2013.8

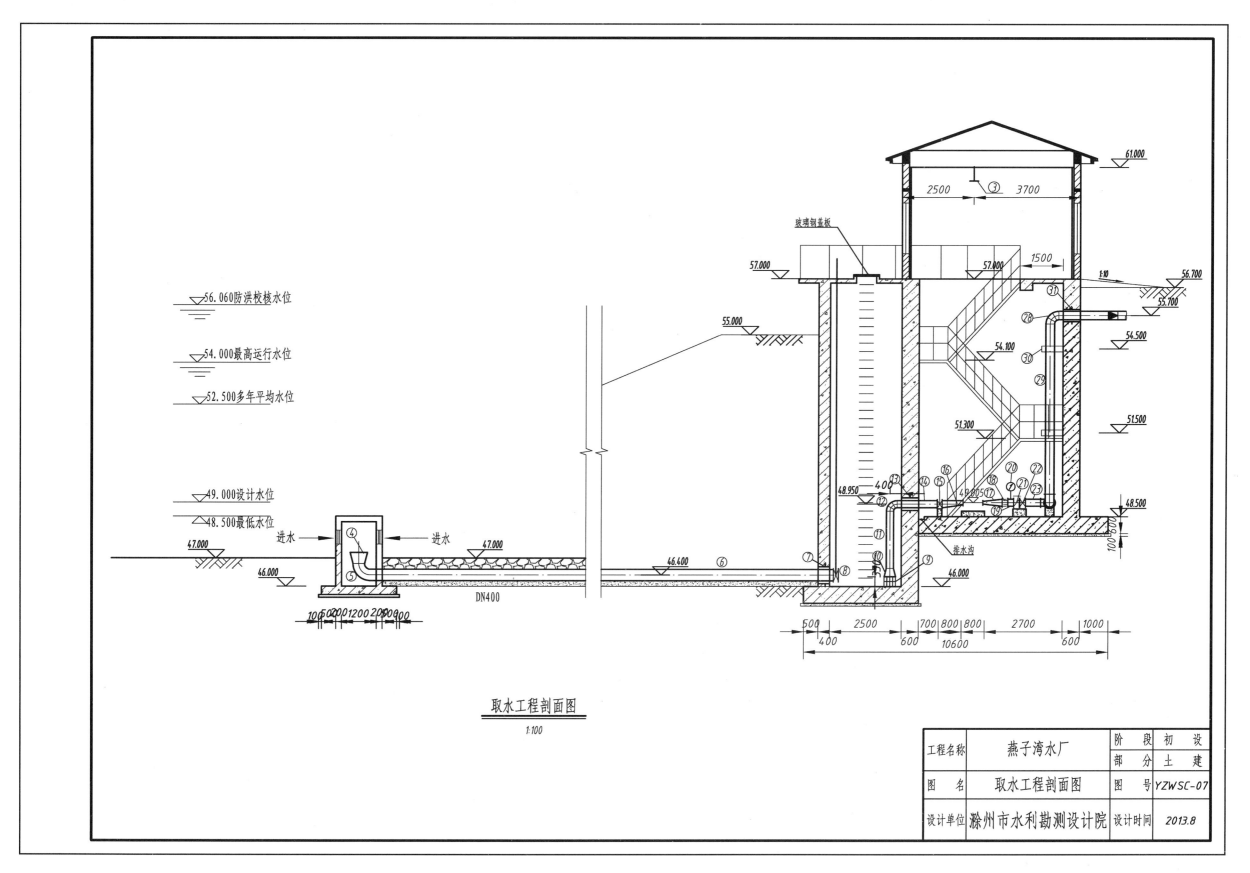

取水工程剖面图

1:100

工程名称	燕子湾水厂	阶　段	初　设
		部　分	土　建
图　名	取水工程剖面图	图　号	YZWSC-07
设计单位	滁州市水利勘测设计院	设计时间	2013.8

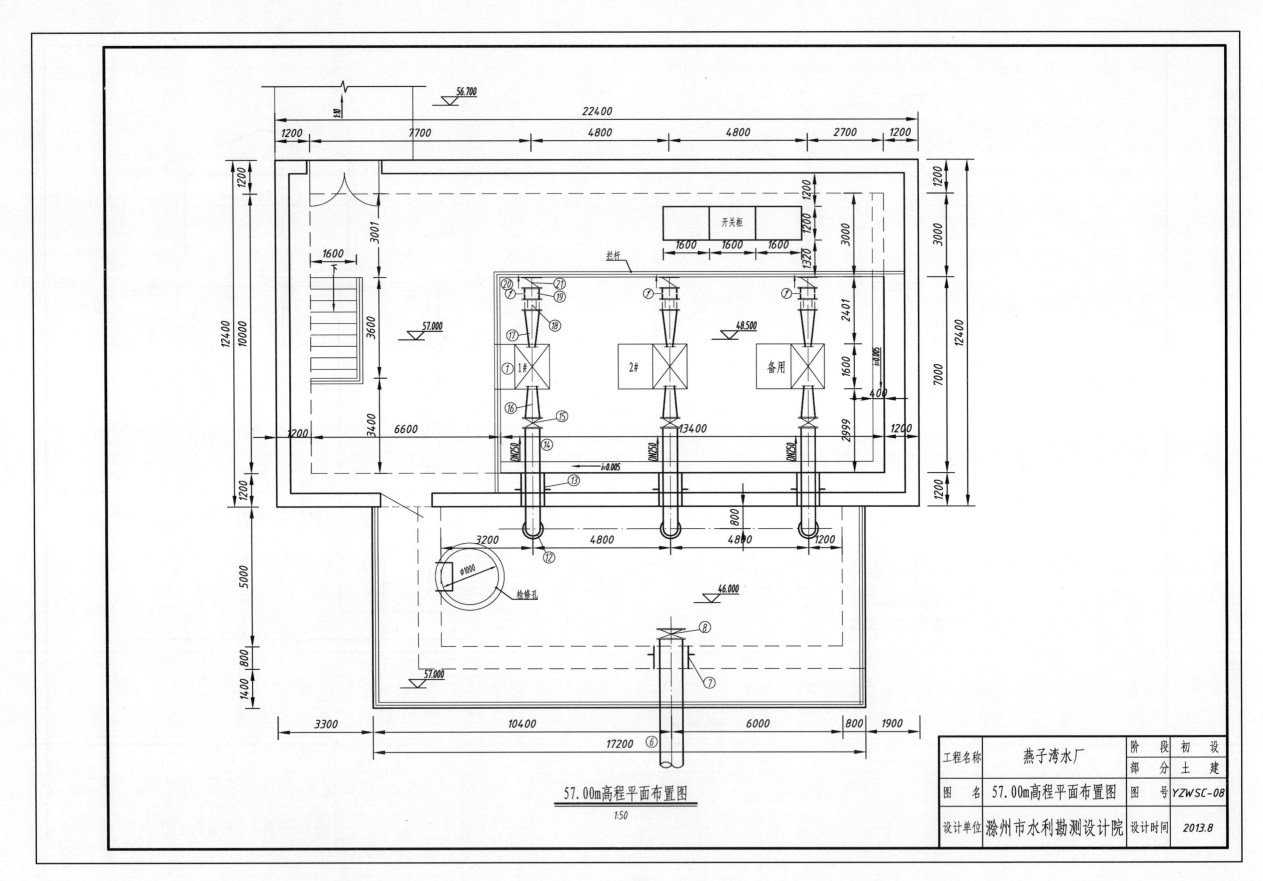

57.00m高程平面布置图

1:50

工程名称	燕子湾水厂	阶　段	初　设
		部　分	土　建
图　名	57.00m高程平面布置图	图　号	YZWSC-08
设计单位	滁州市水利勘测设计院	设计时间	2013.8

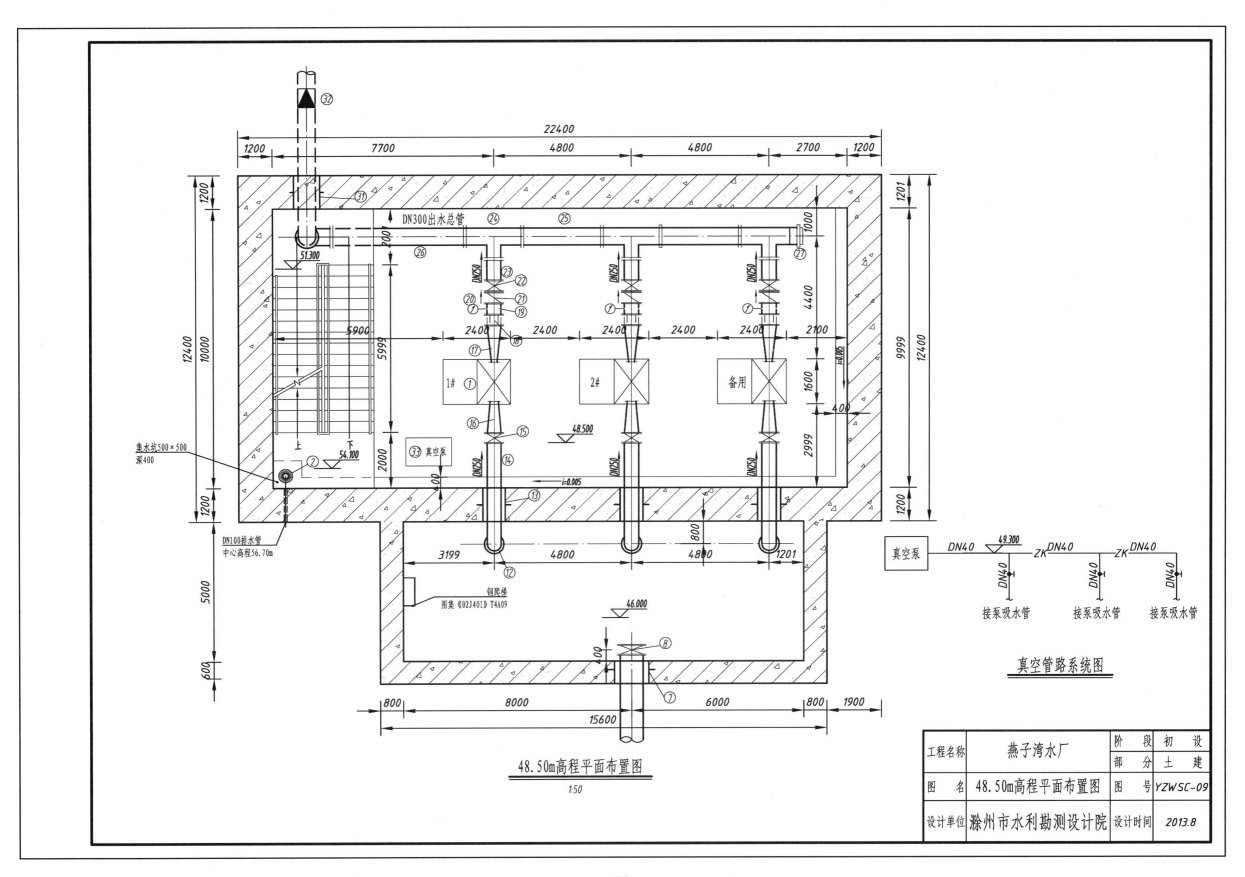

48.50m高程平面布置图

1:50

真空管路系统图

工程名称	燕子湾水厂	阶　段	初　设
		部　分	土　建
图　名	48.50m高程平面布置图	图　号	YZWSC-09
设计单位	滁州市水利勘测设计院	设计时间	2013.8

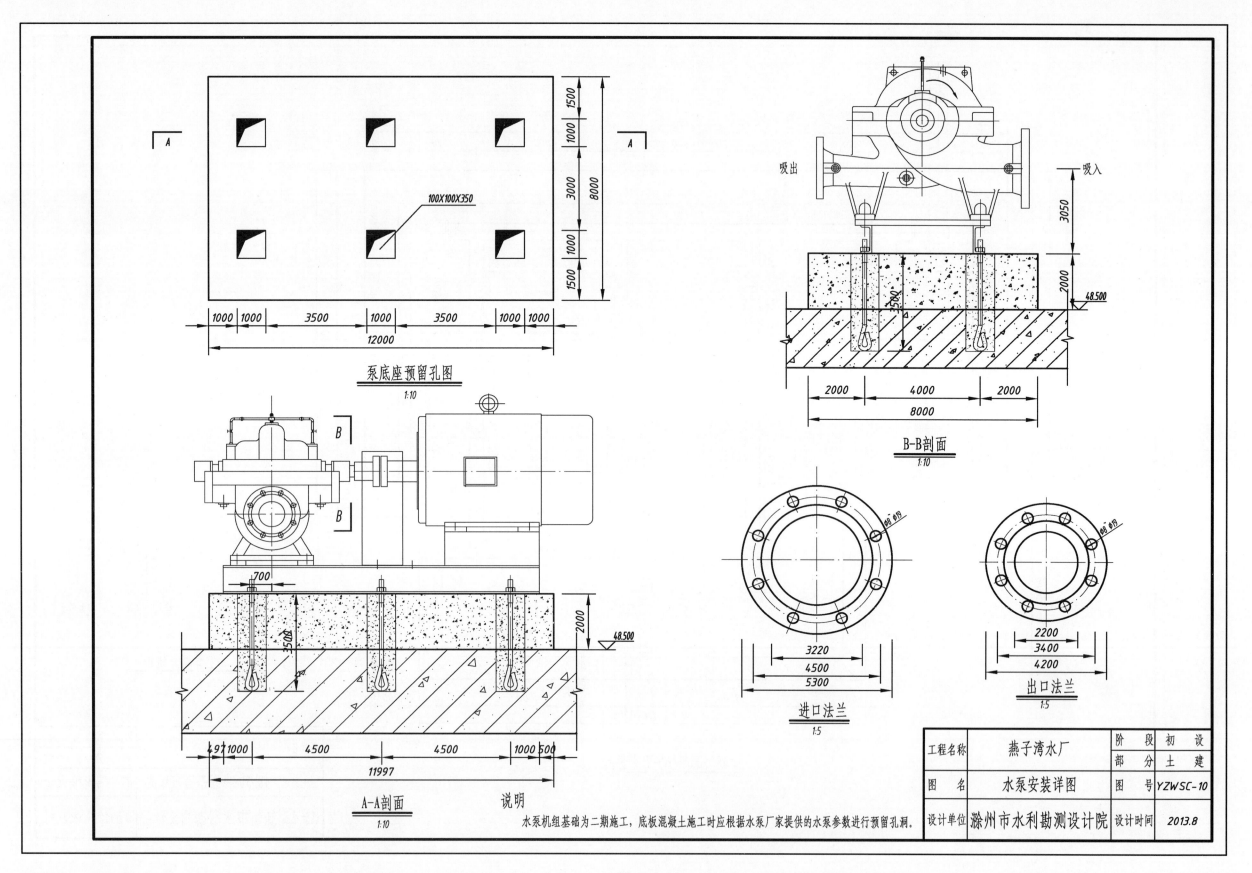

100X100X350

泵底座预留孔图
1:10

A—A剖面
1:10

B—B剖面
1:10

进口法兰
1:5

出口法兰
1:5

吸出　　　　吸入

说明

水泵机组基础为二期施工,底板混凝土施工时应根据水泵厂家提供的水泵参数进行预留孔洞.

工程名称	燕子湾水厂	阶 段	初 设
		部 分	土 建
图 名	水泵安装详图	图 号	YZWSC-10
设计单位	滁州市水利勘测设计院	设计时间	2013.8

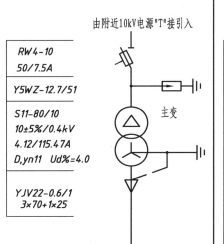

由附近10kV电源"T"接引入

RW4-10
50/7.5A

Y5WZ-12.7/51

S11-80/10
10±5%/0.4kV
4.12/115.47A
D,yn11 Ud%=4.0

YJV22-0.6/1
3×70+1×25

主变

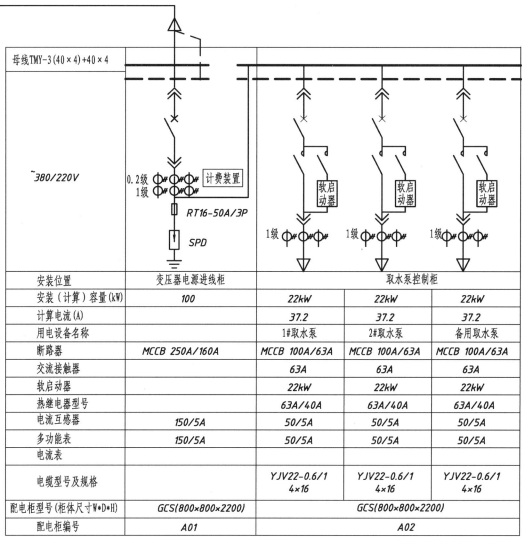

母线TMY-3(40×4)+40×4

~380/220V

计费装置

0.2级
1级

RT16-50A/3P

SPD

软启动器

软启动器

软启动器

1级   1级   1级

安装位置	变压器电源进线柜	取水泵控制柜		
安装（计算）容量(kW)	100	22kW	22kW	22kW
计算电流(A)		37.2	37.2	37.2
用电设备名称		1#取水泵	2#取水泵	备用取水泵
断路器	MCCB 250A/160A	MCCB 100A/63A	MCCB 100A/63A	MCCB 100A/63A
交流接触器		63A	63A	63A
软启动器		22kW	22kW	22kW
热继电器型号		63A/40A	63A/40A	63A/40A
电流互感器	150/5A	50/5A	50/5A	50/5A
多功能表	150/5A	50/5A	50/5A	50/5A
电流表				
电缆型号及规格		YJV22-0.6/1 4×16	YJV22-0.6/1 4×16	YJV22-0.6/1 4×16
配电柜型号（柜体尺寸W*D*H）	GCS(800×800×2200)	GCS(800×800×2200)		
配电柜编号	A01	A02		

说明

1. 设计依据:
   《泵站设计规范》GB/T50265-2010;
   《民用建筑电气设计规范》JGJ/T 16-2008;
   《建筑物防雷设计规范》GB 50057-94 2000年版;
   《建筑照明设计规范》GB 50034-2004;
   《村镇供水工程设计规范》SL687-2014;
   其他有关国家及地方的现行规程、规范及标准。

2. 明光市燕子湾水厂供水规模为6000m³/d，工程类型为II型，取水泵站负荷等级为3级，采用10kV供电。

3. 负荷计算: 取水泵站主要负荷为3台22kW电机，2用1备，其余站用电负荷按15%考虑，总负荷经计算为70.2kVA。

4. 设计选用1台80kVA变压器，变压器安装型式采用户外杆上式。

电气主接线图

工程名称	燕子湾水厂	阶 段	初 设
		部 分	电 气
图 名	电气主接线图(1/2)	图 号	YZWSC-11
设计单位	滁州市水利勘测设计院	设计时间	2013.8

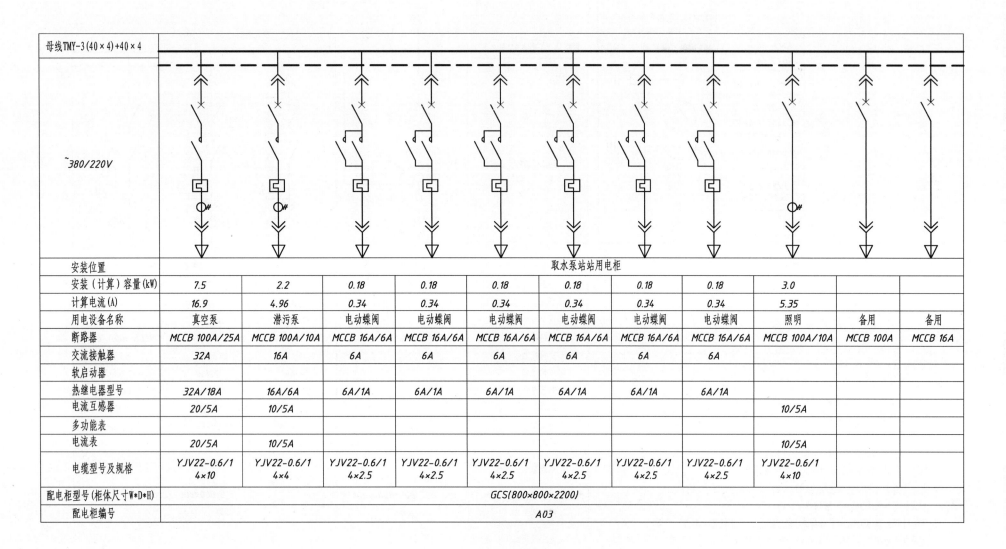

安装位置	取水泵站站用电柜										
安装（计算）容量(kW)	7.5	2.2	0.18	0.18	0.18	0.18	0.18	0.18	3.0		
计算电流(A)	16.9	4.96	0.34	0.34	0.34	0.34	0.34	0.34	5.35		
用电设备名称	真空泵	潜污泵	电动蝶阀	电动蝶阀	电动蝶阀	电动蝶阀	电动蝶阀	电动蝶阀	照明	备用	备用
断路器	MCCB 100A/25A	MCCB 100A/10A	MCCB 16A/6A	MCCB 16A/6A	MCCB 16A/6A	MCCB 16A/6A	MCCB 16A/6A	MCCB 16A/6A	MCCB 100A/10A	MCCB 100A	MCCB 16A
交流接触器	32A	16A	6A	6A	6A	6A	6A	6A			
软启动器											
热继电器型号	32A/18A	16A/6A	6A/1A	6A/1A	6A/1A	6A/1A	6A/1A	6A/1A			
电流互感器	20/5A	10/5A							10/5A		
多功能表											
电流表	20/5A	10/5A							10/5A		
电缆型号及规格	YJV22-0.6/1 4×10	YJV22-0.6/1 4×4	YJV22-0.6/1 4×2.5	YJV22-0.6/1 4×2.5	YJV22-0.6/1 4×2.5	YJV22-0.6/1 4×2.5	YJV22-0.6/1 4×2.5	YJV22-0.6/1 4×2.5	YJV22-0.6/1 4×10		
配电柜型号（柜体尺寸W*D*H)	GCS(800×800×2200)										
配电柜编号	A03										

电气主接线图

工程名称	燕子湾水厂	阶 段	初 设
		部 分	电 气
图 名	电气主接线图（2/2）	图 号	YZWSC-11
设计单位	滁州市水利勘测设计院	设计时间	2013.8

母线TMY-3(40×4)+40×4

~380/220V

五、宿州市泗县吴圩水厂（除铁工艺）

（一）工程简介

吴圩水厂位于宿州市泗县丁湖镇吴圩村，设计供水规模1400 m³/d，供水范围为丁湖镇吴圩村、椿韩村、文湖村及苗尤村等4个行政村，供水受益人口16546人。项目法人为泗县水利局，设计单位为深圳市水务规划设计院。

供水范围内村民主要饮用浅层地下水，水质存在铁、锰等超标的情况，危害人民群众的健康。

由于泗县境内地表水资源相对匮乏，且水质污染严重，不能作为饮用水源。根据已有的地下水资源资料及工程区域内参证井的情况，工程采用中深层地下水作为供水水源，除铁超标外其他指标均达标，经处理后，满足生活饮用水要求。

通过曝气使地下水中二价铁离子被氧化成高价铁离子，并形成不溶于水的氢氧化物，再通过过滤装置去除，最后经消毒达到国家饮用水的标准。

本设计高程系为1985黄海高程。

根据本工程所选水源的水质特点，净水工艺采用水气射流泵、锰砂过滤、二氧化氯消毒。具体如下图：

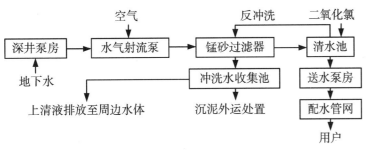

净水工艺流程框图

本工程于2013年8月开工建设，于2013年12月建成。目前，项目运行情况良好，出水水质各项指标均达到《生活饮用水卫生标准》（GB 5749-2006）要求。

（二）工程特性表

序号	项目名称	单位	数值	备注
一	工程技术经济指标			
1	建设性质			新建
2	设计年限	a	15	
3	供水规模	m³/d	1400	
4	年供水量	10⁴m³/a	34	
5	供水受益行政村数	个	4	吴圩村、椿韩村、文湖村及苗尤村
6	供水受益居民人数	人	16546	
7	居民生活用水定额	L／人·d	55	
8	人均综合用水量	L／人·d	85	
9	最小服务水头	m	12	
10	时变化系数 K_h		2	
11	日变化系数 K_d		1.5	
二	主要工程及设备			
1	取水工程			管井4口，3用1备，设计单井出水量20～30 m³/h，配套深井潜水泵，井房面积30 m²
2	输水工程			输水管道管径dn110、管材PE给水管
3	净水厂			水厂主要设备型号及数量：送水大泵：Q=58.3 m³/h，H=39 m，N=11 kW，2台，1用1备；送水小泵：Q=29.2 m³/h，H=39 m，N=5.5 kW，2台；锰砂过滤器：Φ2.0×3.8m，3套；二氧化氯发生器：有效氯产生量为30 g/h，2台
4	配水工程			清水池总有效容积400 m³，设1座，分为2组。新建配水干、支管35.5 km，管材为PE给水管
5	入户工程			接户管约为112 km，管材为PE给水管
三	工程概算	万元	890.9	
四	供水成本	元／m³	0.92	

（三）专家点评

1.设计特点

（1）净水构筑物采用高架式布局，充分利用富余水头。

（2）采用接触氧化法，选用成套设备的水气射流泵和锰砂过滤器，具有成熟使用经验，在我省地下水铁超标地区具有一定的推广价值。

（3）与药剂氧化法相比工艺流程简单，处理费用低。

2.适用范围

该工艺适用于原水含铁量<5.0 mg/L、含锰量<1.5 mg/L的地下水供水工程。

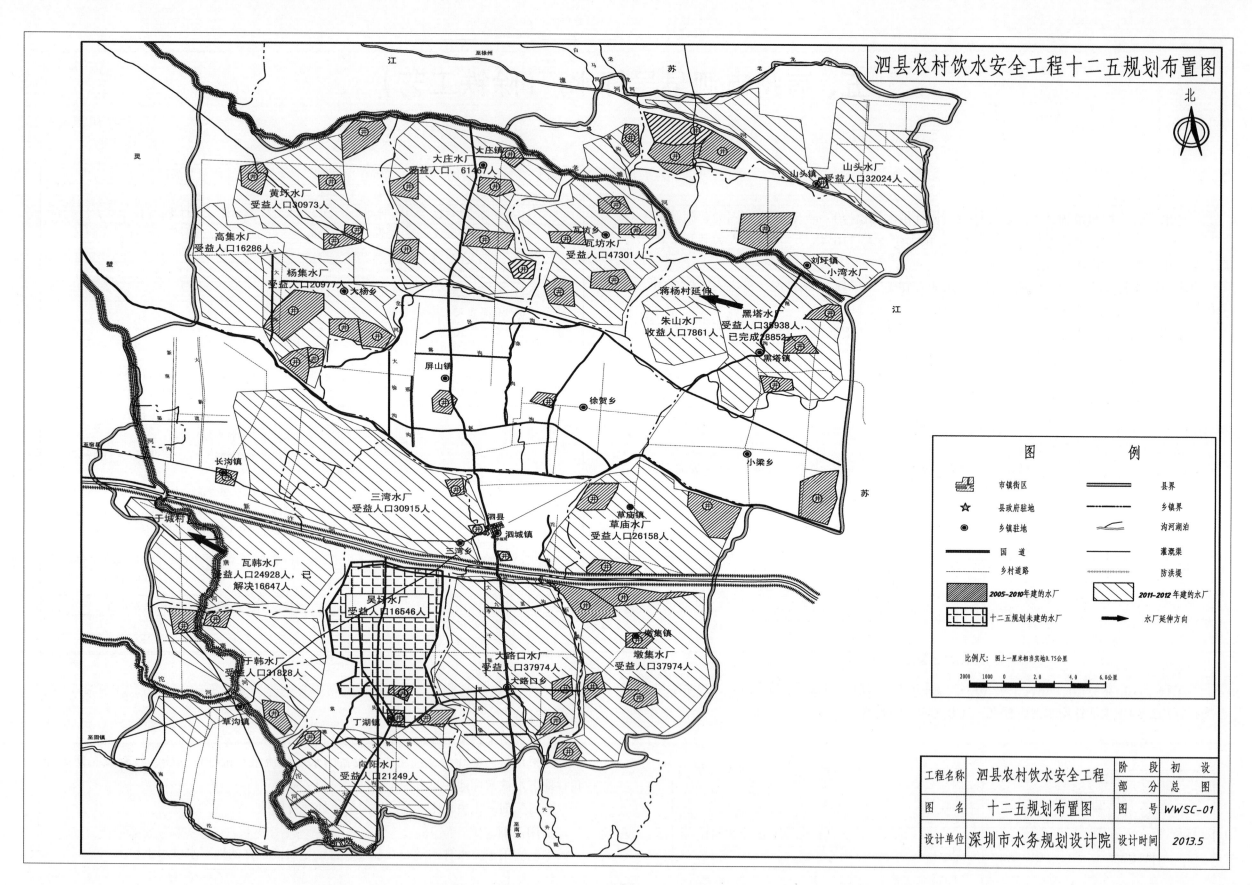

泗县农村饮水安全工程十二五规划布置图

北

大庄水厂
受益人口61461人

山头水厂
受益人口32024人

黄圩水厂
受益人口30973人

高集水厂
受益人口16286人

瓦坊乡
瓦坊水厂
受益人口47301人

刘圩镇
小湾水厂

杨集水厂
受益人口20977人

蒋杨村延伸

黑塔水厂
受益人口35938人，
已完成28852人

朱山水厂
收益人口7861人

屏山镇

徐贺乡

长沟镇

小梁乡

三湾水厂
受益人口30915人

泗县
泗城镇

草庙镇
草庙水厂
受益人口26158人

于城村

瓦韩水厂
受益人口24928人，已
解决16647人

吴圩水厂
受益人口16546人

墩集镇
墩集水厂
受益人口37974人

于韩水厂
受益人口31828人

大路口水厂
受益人口37974人
大路口乡

草沟镇

丁湖镇

向阳水厂
受益人口21249人

图	例
市镇街区	县界
县政府驻地	乡镇界
乡镇驻地	沟河湖泊
国道	灌溉渠
乡村道路	防洪堤
2005-2010年建的水厂	2011-2012年建的水厂
十二五规划未建的水厂	水厂延伸方向

比例尺：图上一厘米相当实地0.75公里

2000 1000 0 1.0 2.0 4.0 6.0公里

工程名称	泗县农村饮水安全工程	阶 段	初 设
		部 分	总 图
图 名	十二五规划布置图	图 号	WWSC-01
设计单位	深圳市水务规划设计院	设计时间	2013.5

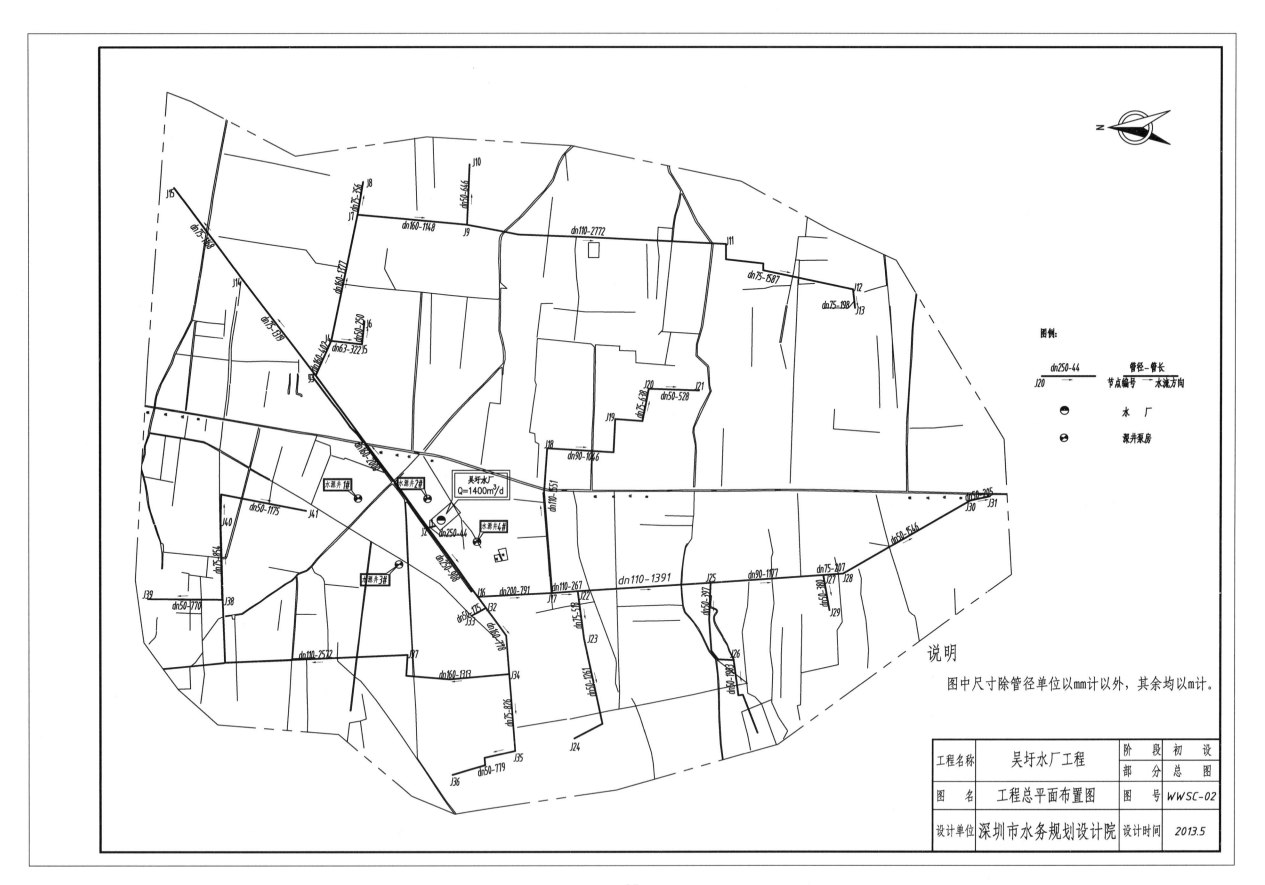

图例：

dn250-44	管径-管长
J20 →	节点编号 — 水流方向
	水 厂
	深井泵房

说明

图中尺寸除管径单位以mm计以外，其余均以m计。

工程名称	吴圩水厂工程	阶 段	初 设
		部 分	总 图
图 名	工程总平面布置图	图 号	WWSC-02
设计单位	深圳市水务规划设计院	设计时间	2013.5

主要技术经济指标表

序号	名称	单位	数量
1	厂区建设用地面积	m²	3210
2	建构筑物占地面积	m²	567
3	道路及广场占地面积	m²	940
4	建筑系数	%	17.7
5	绿化占地面积	m²	1860
6	绿地率	%	58

图例

图例	名称
	新建建筑物、层数
	新建构筑物
	围墙
	车行道
	人行道
	绿化树木
21.60	设计室外场地标高

变压器

21.70   21.80

21.40   21.60

21.60   21.70   21.70

21.70   21.80

厂区平面布置图

说明

1. 图中尺寸单位以m计。

2. 图中标高为绝对标高，采用1985黄海高程。

3. 水厂处理规模为1400m³/d。

4. 本工程取水井位于厂区外围。

建、构筑物一览表

序号	名称	规格	单位	数量	备注	序号	名称	规格	单位	数量	备注
①	除铁过滤车间	15.6x7.2x5.7	座	1	框架结构	⑦	仓库	3.9x3.3x4.2	座	1	框架结构
②	清水池	2-9.6x6.3x3.5	座	1	钢筋混凝土结构	⑧	二氧化氯发生间	6.0x3.3x4.2	座	1	框架结构
③	送水泵房	7.2x5.4x4.2	座	1	框架结构	⑨	出水计量井	2.0x2.0x2.0	座	1	钢筋混凝土结构
④	低压配电室	3.9x3.9x4.2	座	1	框架结构	⑩	废水收集池	5.0x5.0x3.0	座	1	钢筋混凝土结构
⑤	氯酸钠储存间	3.9x3.0x4.2	座	1	框架结构	⑪	门卫室	5.0x4.3x3.6	座	1	框架结构
⑥	盐酸储存间	3.9x3.0x4.2	座	1	框架结构	⑫	综合楼	2-24.0x7.2	座	1	框架结构

工程名称	吴圩水厂工程	阶 段	初 设
		部 分	总 图
图 名	厂区平面布置图	图 号	WWSC-03
设计单位	深圳市水务规划设计院	设计时间	2013.5

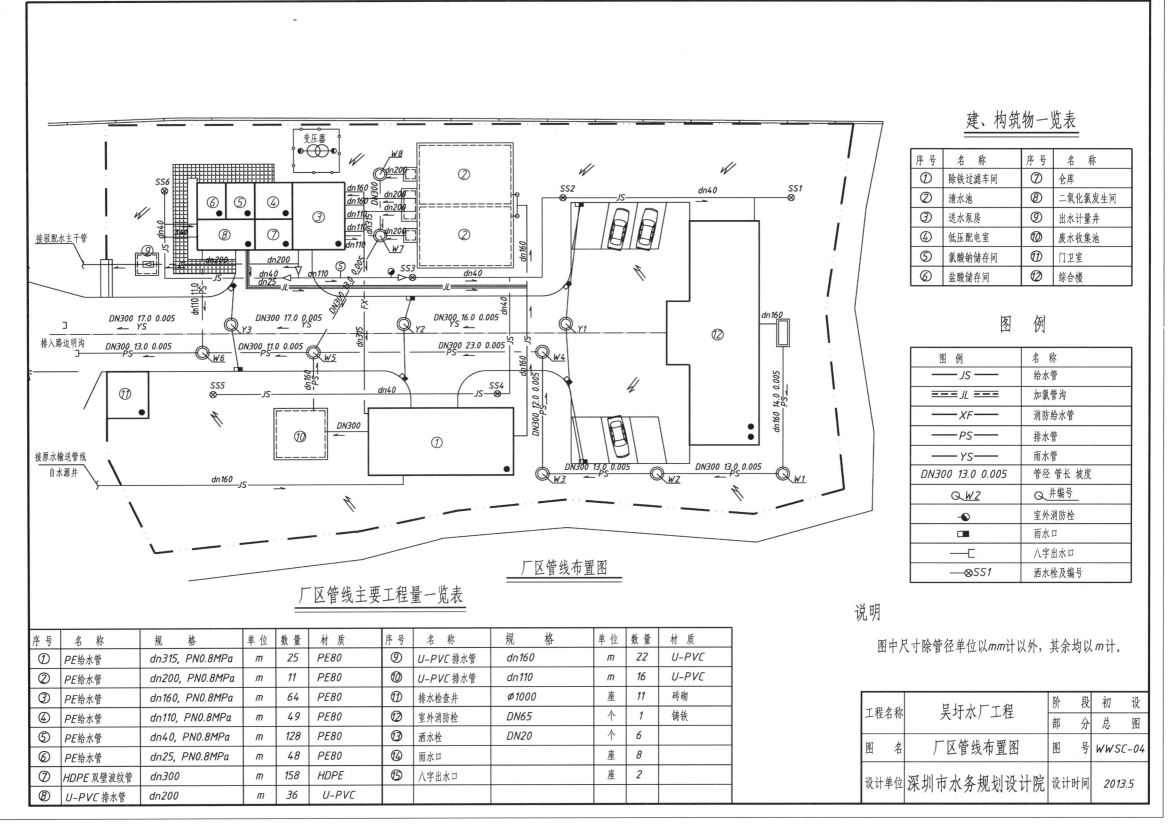

建、构筑物一览表

序号	名 称	序号	名 称
①	除铁过滤车间	⑦	仓库
②	清水池	⑧	二氧化氯发生间
③	送水泵房	⑨	出水计量井
④	低压配电室	⑩	废水收集池
⑤	氯酸钠储存间	⑪	门卫室
⑥	盐酸储存间	⑫	综合楼

图 例

图 例	名 称
——JS——	给水管
═══JL═══	加氯管沟
——XF——	消防给水管
——PS——	排水管
——YS——	雨水管
DN300 13.0 0.005	管径 管长 坡度
⊗W2	井编号
◖	室外消防栓
▪	雨水口
—⊏	八字出水口
⊗SS1	洒水栓及编号

厂区管线布置图

厂区管线主要工程量一览表

序号	名 称	规 格	单位	数量	材质	序号	名 称	规 格	单位	数量	材质
①	PE给水管	dn315, PN0.8MPa	m	25	PE80	⑨	U-PVC排水管	dn160	m	22	U-PVC
②	PE给水管	dn200, PN0.8MPa	m	11	PE80	⑩	U-PVC排水管	dn110	m	16	U-PVC
③	PE给水管	dn160, PN0.8MPa	m	64	PE80	⑪	排水检查井	Ø1000	座	11	砖砌
④	PE给水管	dn110, PN0.8MPa	m	49	PE80	⑫	室外消防栓	DN65	个	1	铸铁
⑤	PE给水管	dn40, PN0.8MPa	m	128	PE80	⑬	洒水栓	DN20	个	6	
⑥	PE给水管	dn25, PN0.8MPa	m	48	PE80	⑭	雨水口		座	8	
⑦	HDPE双壁波纹管	dn300	m	158	HDPE	⑮	八字出水口		座	2	
⑧	U-PVC排水管	dn200	m	36	U-PVC						

说明

图中尺寸除管径单位以mm计以外，其余均以m计。

工程名称	吴圩水厂工程	阶 段	初 设
		部 分	总 图
图 名	厂区管线布置图	图 号	WWSC-04
设计单位	深圳市水务规划设计院	设计时间	2013.5

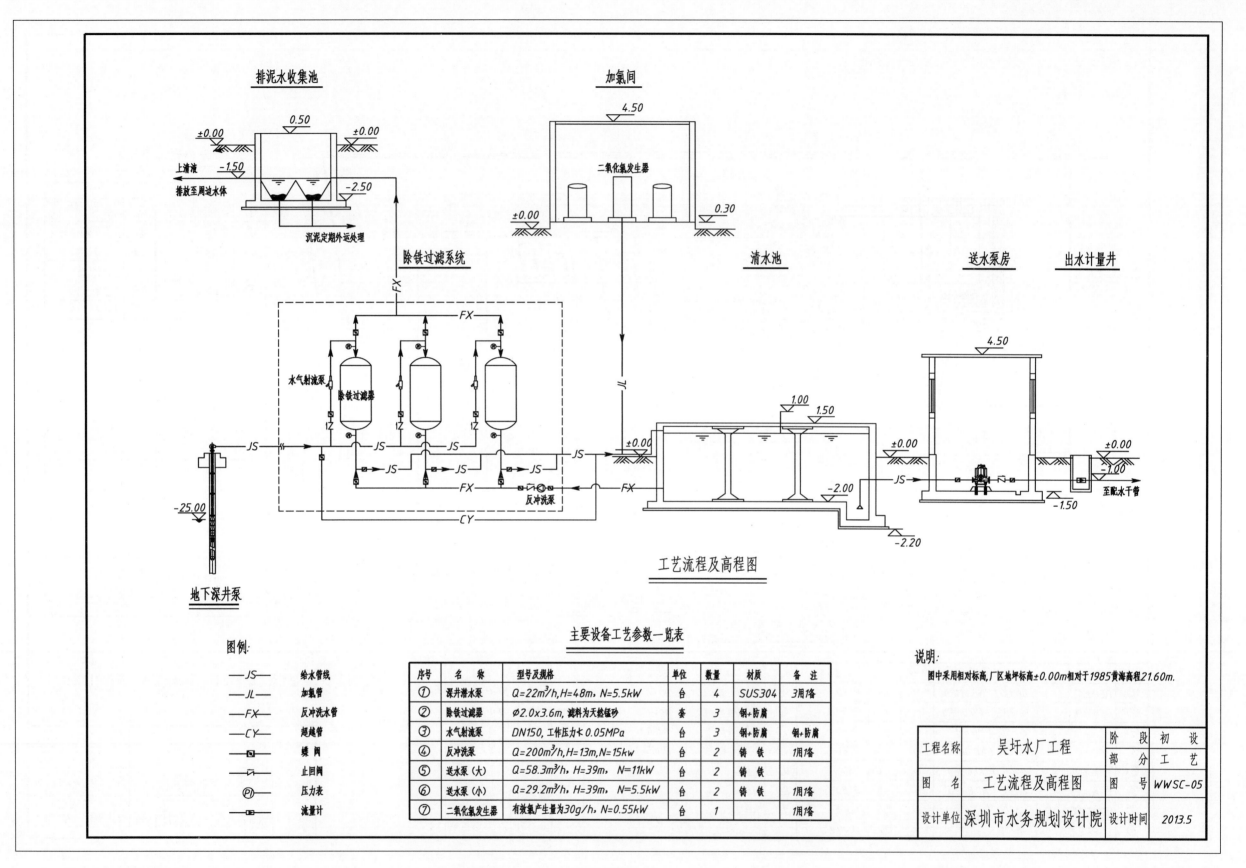

排泥水收集池

加氯间

除铁过滤系统

清水池

送水泵房

出水计量井

地下深井泵

工艺流程及高程图

图例：

符号	名称
——JS——	给水管线
——JL——	加氯管
——FX——	反冲洗水管
——CY——	超越管
蝶阀	蝶阀
止回阀	止回阀
PI	压力表
流量计	流量计

主要设备工艺参数一览表

序号	名 称	型号及规格	单位	数量	材质	备 注
①	深井潜水泵	Q=22m³/h, H=48m, N=5.5kW	台	4	SUS304	3用1备
②	除铁过滤器	Ø2.0x3.6m, 滤料为天然锰砂	套	3	钢+防腐	
③	水气射流泵	DN150, 工作压力≥0.05MPa	台	3	钢+防腐	钢+防腐
④	反冲洗泵	Q=200m³/h, H=13m, N=15kw	台	2	铸铁	1用1备
⑤	送水泵（大）	Q=58.3m³/h, H=39m, N=11kW	台	2	铸铁	
⑥	送水泵（小）	Q=29.2m³/h, H=39m, N=5.5kW	台	2	铸铁	1用1备
⑦	二氧化氯发生器	有效氯产生量为30g/h, N=0.55kW	台	1		1用1备

说明：

图中采用相对标高,厂区地坪标高±0.00m相对于1985黄海高程21.60m.

工程名称	吴圩水厂工程	阶 段	初 设
		部 分	工 艺
图 名	工艺流程及高程图	图 号	WWSC-05
设计单位	深圳市水务规划设计院	设计时间	2013.5

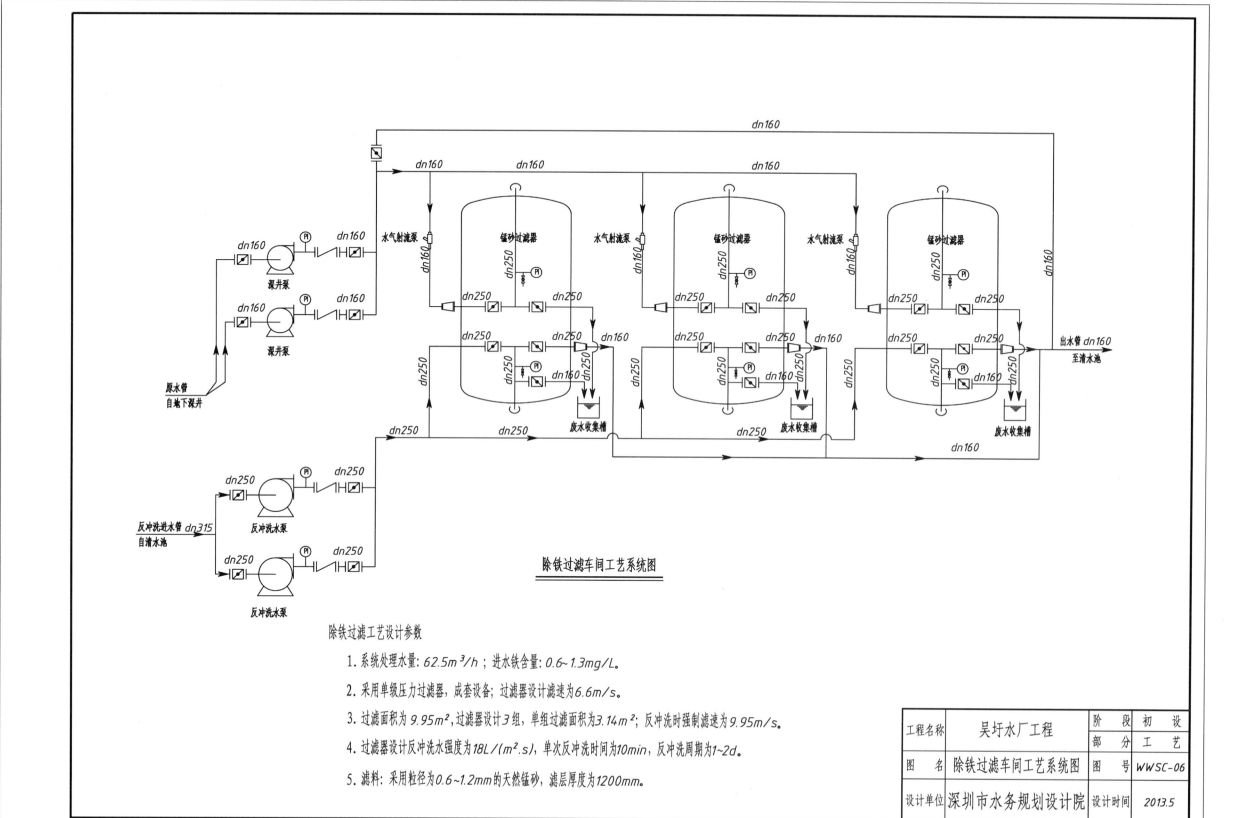

除铁过滤车间工艺系统图

除铁过滤工艺设计参数

1. 系统处理水量: 62.5m³/h；进水铁含量: 0.6~1.3mg/L。

2. 采用单级压力过滤器，成套设备；过滤器设计滤速为6.6m/s。

3. 过滤面积为9.95m²，过滤器设计3组，单组过滤面积为3.14m²；反冲洗时强制滤速为9.95m/s。

4. 过滤器设计反冲洗水强度为18L/(m².s)，单次反冲洗时间为10min，反冲洗周期为1~2d。

5. 滤料：采用粒径为0.6~1.2mm的天然锰砂，滤层厚度为1200mm。

工程名称	吴圩水厂工程	阶 段	初 设
		部 分	工 艺
图 名	除铁过滤车间工艺系统图	图 号	WWSC-06
设计单位	深圳市水务规划设计院	设计时间	2013.5

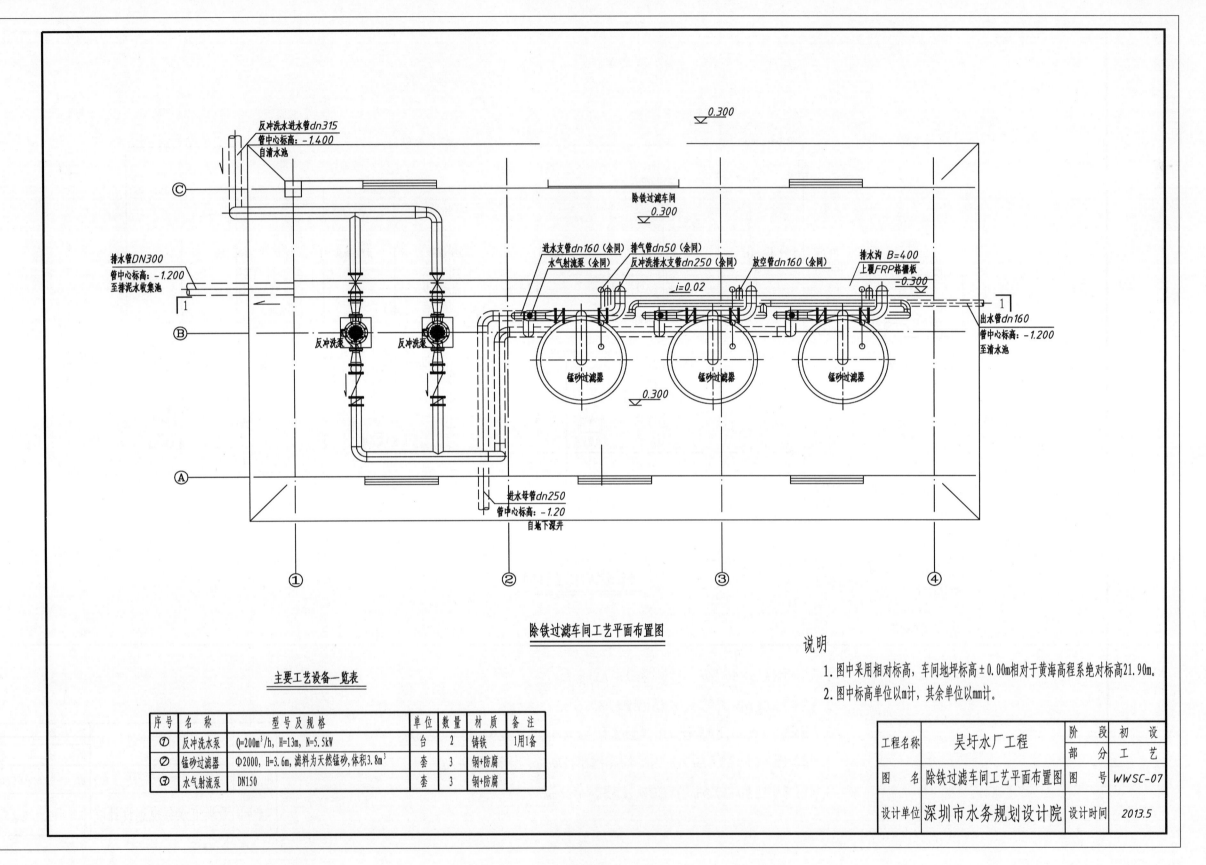

反冲洗水进水管dn315
管中心标高:−1.400
自清水池

0.300

除铁过滤车间
0.300

排水管DN300
管中心标高:−1.200
至排泥水收集池

进水支管dn160（余同）
水气射流泵（余同）
排气管dn50（余同）
反冲洗排水支管dn250（余同）
放空管dn160（余同）
排水沟 B=400
上覆FRP格栅板
−0.300

i=0.02

出水管dn160
管中心标高:−1.200
至清水池

反冲洗泵
反冲洗泵

锰砂过滤器
锰砂过滤器
锰砂过滤器

0.300

进水母管dn250
管中心标高:−1.20
自地下深井

除铁过滤车间工艺平面布置图

主要工艺设备一览表

序号	名　称	型号及规格	单位	数量	材　质	备注
①	反冲洗水泵	Q=200m³/h, H=13m, N=5.5kW	台	2	铸铁	1用1备
②	锰砂过滤器	Φ2000, H=3.6m, 滤料为天然锰砂, 体积3.8m³	套	3	钢+防腐	
③	水气射流泵	DN150	套	3	钢+防腐	

说明

1. 图中采用相对标高，车间地坪标高±0.00m相对于黄海高程系绝对标高21.90m。

2. 图中标高单位以m计，其余单位以mm计。

工程名称	吴圩水厂工程	阶　段	初　设
		部　分	工　艺
图　名	除铁过滤车间工艺平面布置图	图　号	WWSC-07
设计单位	深圳市水务规划设计院	设计时间	2013.5

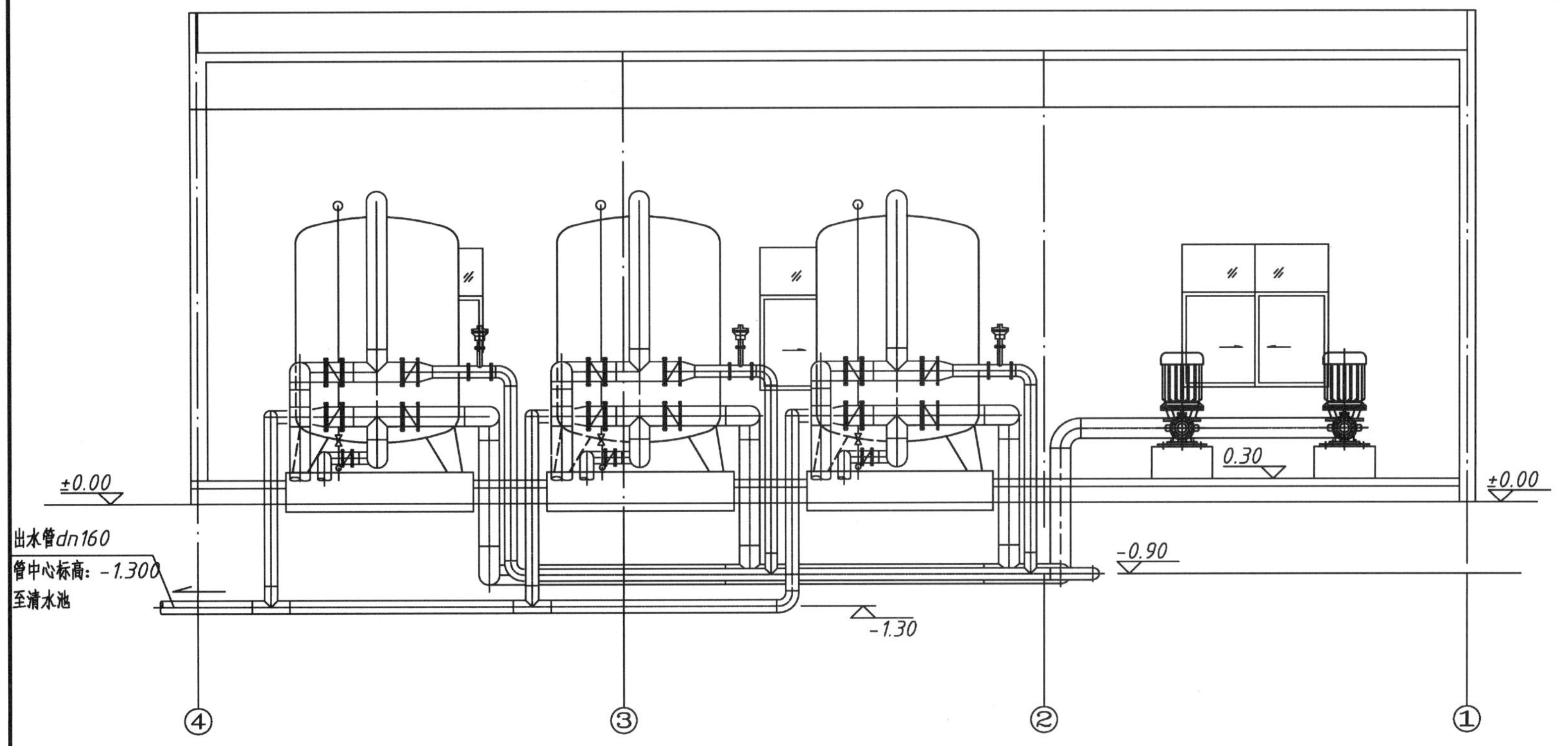

主要工艺材料一览表

序号	名 称	型号及规格	单位	数量	材质	备注
1	PE给水管	dn315，PN0.8MPa	m	7		
2	PE给水管	dn250，PN0.8MPa	m	24		
3	PE给水管	dn160，PN0.8MPa	m	28		
4	U-PVC排水管	dn300	m	2		
5	蝶阀	DN250	个	14	铸铁	
6	蝶阀	DN150	个	3	铸铁	
7	闸阀	DN250	个	2	铸铁	
8	止回阀	DN250	个	2	铸铁	
9	柔性接头	DN250，PN1.0MPa	个	4	橡胶	
10	法兰	DN250，PN1.0MPa	片	34	PE	
11	法兰	DN150，PN1.0MPa	片	10	PE	
12	偏心异径管	dn250X150	个	2	PE	
13	异径管	dn250X150	个	2	PE	
14	等径三通	dn250	个	4	PE	
15	等径三通	dn150	个	4	PE	
16	异径三通	dn250X150	个	3	PE	
17	90°弯头	dn250	个	23	PE	
18	90°弯头	dn150	个	16	PE	
19	异径管	dn315X250	个	1	PE	
20	90°弯头	dn315	个	2	PE	

除铁过滤车间1—1剖面图

±0.00

出水管dn160
管中心标高：-1.300
至清水池

-0.90

0.30

-1.30

④ ③ ② ①

说明

1. 图中标高为相对标高，±0.00m相对于黄海高程系绝对标高21.90m。

2. 图中标高单位以m计，其余单位以mm计。

工程名称	吴圩水厂工程	阶 段	初 设
		部 分	工 艺
图 名	除铁过滤车间剖面图	图 号	WWSC-08
设计单位	深圳市水务规划设计院	设计时间	2013.5

六、阜阳市临泉县张新庄水厂（除氟工艺）

（一）工程简介

张新庄水厂位于临泉县谭棚镇境内，供水范围为张新庄、王寨2个行政村的43个自然村，受益农村居民12227人，学校3所，师生1286人，设计供水规模810 m³/d。该水厂项目法人为临泉县农村饮水安全工程建设管理处，设计单位为安徽省阜阳市水利规划设计院。

供水范围内居民原均依靠自备浅水井供水，以浅层地下水作为饮用水源，主要存在饮用水不达标、供水保证率低等问题。

设计选用中深层地下水作为饮用水源，设计取水量为850 m³/d，设计取水静水位为12.3 m（1985国家高程基准，下同），动水位为5.3 m，区域中深层地下水除氟化物超标外，其他指标达到《地下水质量标准》（GB/T 14848—93）要求，原水氟化物检测值为1.27 mg/L，经除氟处理后，可满足生活饮用水要求。

该水厂净水措施主要为除氟和消毒，将原水进行除氟处理和消毒混合后汇入清水池。设计采用吸附过滤法进行除氟，滤料选用改性羟基磷灰石，采用50 m³/h的除氟装置，共配备除氟过滤器4台、再生配药箱1套、再生泵1台、反冲洗泵1台、废水沉淀池1座。设计在除氟间内预留2台设备空间，便于远期原水中氟化物含量增大后，增加除氟设备。工艺流程简图如下：

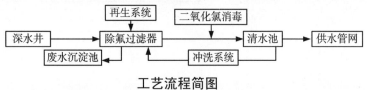

工艺流程简图

该套除氟设备设计再生周期为27天，采用单罐再生、冲洗，再生、冲洗时不影响水厂的正常运行，再生药剂选用氢氧化钠；水厂内设置1座50 m³废水沉淀池，内部分隔为两个独立单元，冲洗废水在沉淀池内与石灰乳充分混合沉淀后，上清液排至水厂西侧排涝沟内。

该水厂于2013年6月开建，2014年2月全部完工。张新庄水厂运行至今，水质均能符合《生活饮用水卫生标准》（GB 5749—2006），水厂供水成本约1.4 元/m³。

（二）工程特性表

序号	项目名称	单位	数值	备注
一	工程技术经济指标			
1	建设性质		新建	
2	设计年限	a	15	
3	供水规模	m³/d	810	
4	时变化系数 K_h		2.1	张新庄、王寨行政村
5	日变化系数 K_d		1.5	
6	最小服务水头	m	15	

序号	项目名称	单位	数值	备注
7	供水受益行政村数	个	2	
8	供水受益居民人数	人	12227	
9	受益学校师生人数	所/人	3/1286	
10	居民生活用水定额	L/人·d	50	
11	人均综合用水量	L/人·d	66.2	
二	主要工程及设备			
1	取水工程			
1.1	水源井	眼	2	235 m深,1用1备
1.2	取水泵	台套	2	200QJ40-52/4
2	净水厂			
2.1	管理房	座	1	16.8 m×8.8 m 两层
2.2	供水泵房	座	1	7.2 m×7.2 m
2.3	清水池	座	1	250 m³
2.4	除氟废水沉淀池	座	1	50 m³
2.5	10 kVA输电线路	km	0.4	JKLYJ-70
2.6	变压器	台	1	S11-50/10
2.7	自动化控制设备	套	1	
2.8	消毒设备	台	2	HSB-30,备用1台
2.9	除氟设备	套	1	处理能力 50 m³/h
2.10	供水泵	台	4	设计流量 70.9 m³/h
2.11	水质化验设备	套	1	
3	配水工程			
3.1	dn200～dn90PE100 管	m	6228	0.8 MPa
3.2	dn75、63PE100 管	m	1656、6588	dn75 为 1.0 MPa,dn63 为 1.25 MPa
3.4	dn50～dn32PE100 管	m	72998	1.6 MPa
4	入户工程	户	3163	每户一表一阀一龙头
三	工程概算	万元	685.01	
四	供水成本	元/m³	1.4	

（三）专家点评

1. 设计特点

（1）本水厂以中深层地下水作为水源，水源水水质氟化物超标。

（2）除氟采用吸附过滤法，滤料设计采用羟基磷灰石，所选工艺技术可行，经济合理，在我省淮北平原区具有代表性。

（3）根据场地实际情况，厂区净水工艺布置采用折角型布置。

2. 适用范围

适用于氟化物含量<3 mg/L的中深层地下水源。

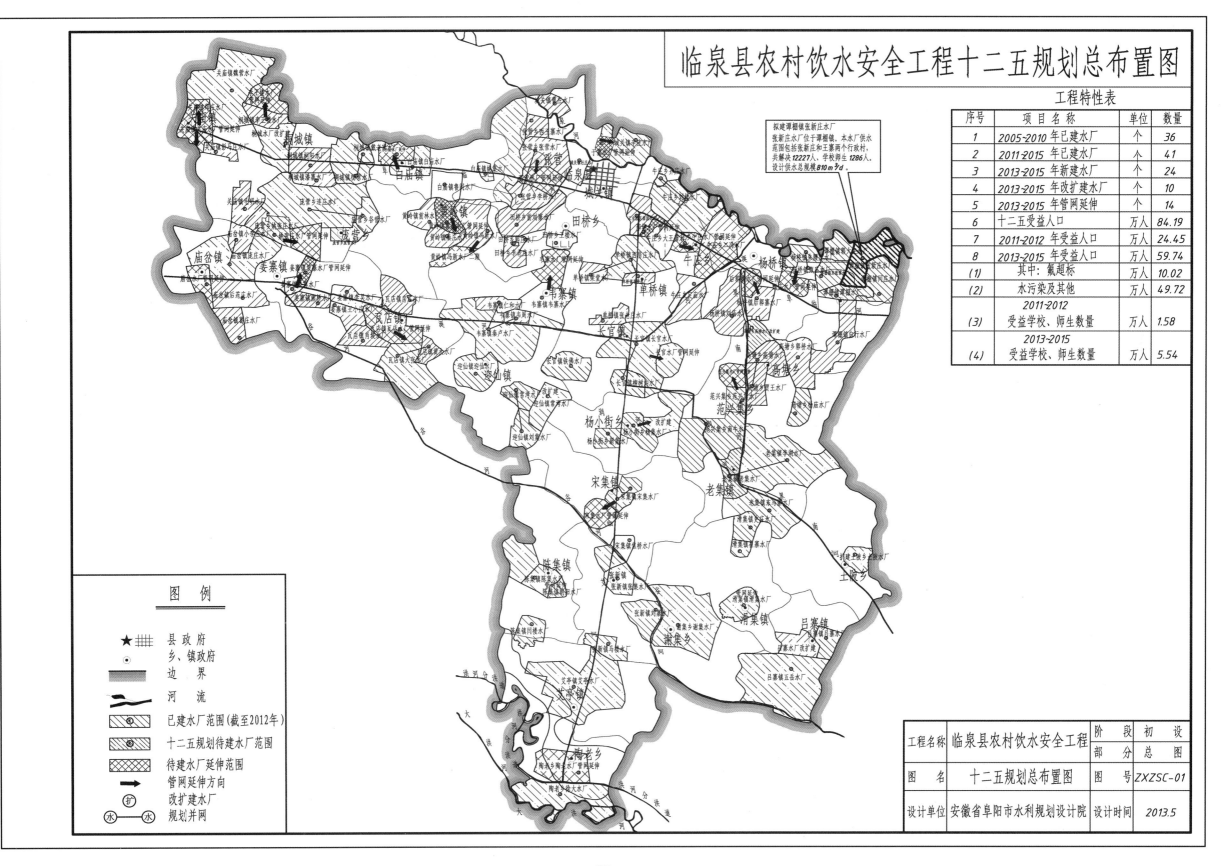

临泉县农村饮水安全工程十二五规划总布置图

工程特性表

序号	项目名称	单位	数量
1	2005~2010 年已建水厂	个	36
2	2011~2015 年已建水厂	个	41
3	2013~2015 年新建水厂	个	24
4	2013~2015 年改扩建水厂	个	10
5	2013~2015 年管网延伸	个	14
6	十二五受益人口	万人	84.19
7	2011~2012 年受益人口	万人	24.45
8	2013~2015 年受益人口	万人	59.74
(1)	其中：氟超标	万人	10.02
(2)	水污染及其他	万人	49.72
(3)	2011~2012 受益学校、师生数量	万人	1.58
(4)	2013~2015 受益学校、师生数量	万人	5.54

拟建谭棚镇张新庄水厂
张新庄水厂位于谭棚镇，本水厂供水范围包括张新庄和王寨两个行政村，共解决12227人、学校师生1286人。设计供水总规模810m³/d。

图 例

★ ⊞ 县政府
⊙ 乡、镇政府
▬ 边 界
〜 河 流
已建水厂范围(截至2012年)
十二五规划待建水厂范围
待建水厂延伸范围
→ 管网延伸方向
扩 改扩建水厂
水—水 规划并网

工程名称	临泉县农村饮水安全工程	阶 段	初 设
		部 分	总图
图 名	十二五规划总布置图	图 号	ZXZSC-01
设计单位	安徽省阜阳市水利规划设计院	设计时间	2013.5

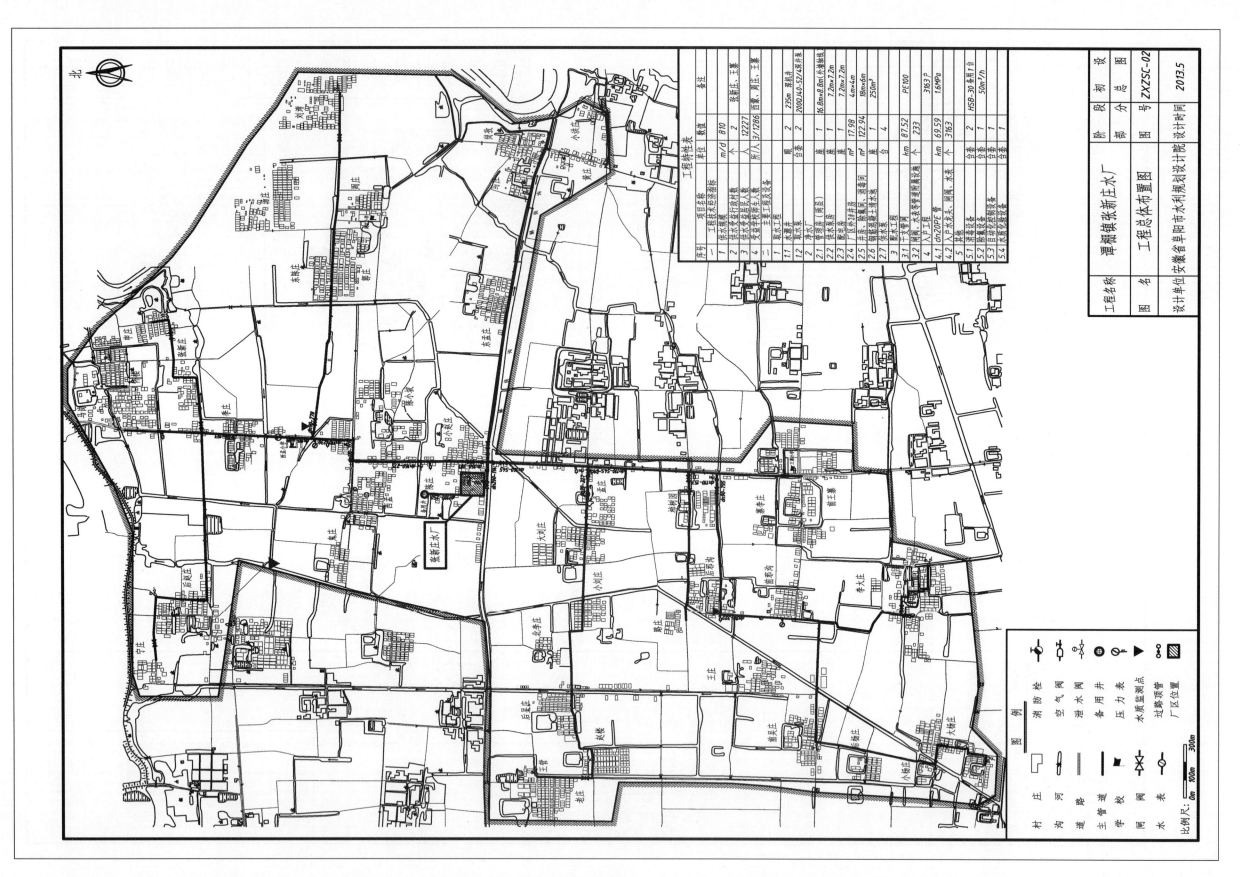

工程特性表

序号	项目名称	单位	数值	备注
一	工程供水总指标	m³/d	810	
1	供水规模		2	张新庄、王寨
2	供水受益行政村数		12227	
3	供水受益居民人数	所八	3/1286	西寨、周庄、王寨
二	主要水源工程设备		2	
1.1	取水工程			
1.2	取水泵	眼	2	235m 深井泵
1.3	水源井	合套	1	2000/40-52/4深井泵
二	净水厂	座	1	16.8m×8.8m 水塔砖池
2.1	管理房(西房)	座	1	7.2m×7.2m
2.2	配电房	座	1	7.2m×7.2m
2.3	配电室	座	1	4m×4m
2.4	厂区沉淀井泵	m²	17.98	18m×5m
2.5	开挖、除氟、清毒间	m²	122.94	250m³
2.6	厂区混凝土净水池	座	1	
2.7	配水泵	座	4	
3	配水工程			
3.1	干支管网	km	87.52	PE100
3.2	大井等管网附属设备	座	233	
4	入户工程			3163户
4.1	dn20PE管	km	69.59	1.6MPa
4.2	入户水头、闸阀、水表	个	3163	
5	其他			
5.1	清毒设备	合套	2	HSB-30 专用1台
5.2	除氟设备	合套	1	
5.3	自动检测设备	合套	1	50m³/h
5.4	水质检测设备	合套	1	

工程名称	谭棚镇张新庄水厂	阶段	初设
图名	工程总体布置图	编号	总分
		图号	ZXZSC-02
设计单位	安徽省阜阳市水利规划设计院	设计时间	2013.5

图 例

消 防 栓
空 气 阀
泄 水 阀
备 用 井
压 力 表
水质监测点
过跨项管
厂区位置

村 庄
沟 河
道 路
主 管 道
学 校
闸 阀
水 表

比例尺: 0m 100m 300m

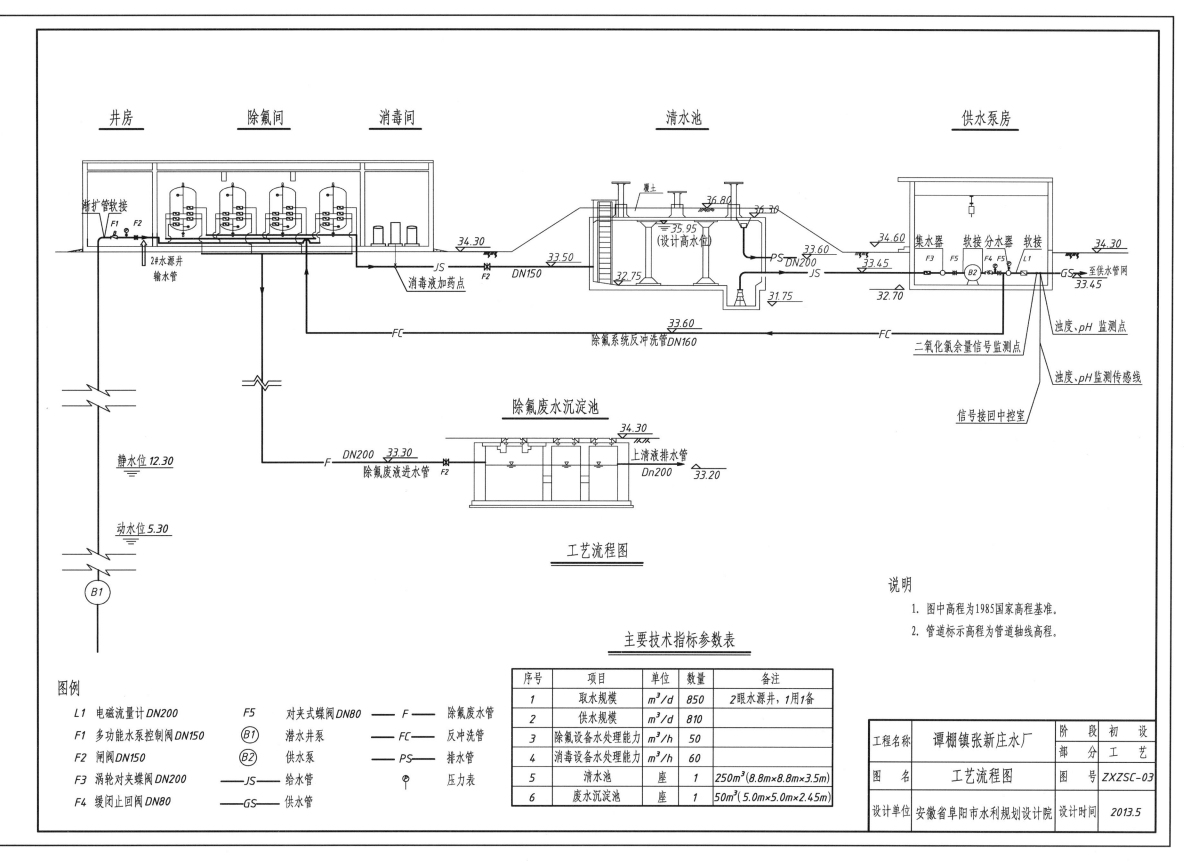

工艺流程图

说明

1. 图中高程为1985国家高程基准。

2. 管道标示高程为管道轴线高程。

主要技术指标参数表

序号	项目	单位	数量	备注
1	取水规模	m³/d	850	2眼水源井，1用1备
2	供水规模	m³/d	810	
3	除氟设备水处理能力	m³/h	50	
4	消毒设备水处理能力	m³/h	60	
5	清水池	座	1	250m³(8.8m×8.8m×3.5m)
6	废水沉淀池	座	1	50m³(5.0m×5.0m×2.45m)

图例

L1　电磁流量计DN200

F1　多功能水泵控制阀DN150

F2　闸阀DN150

F3　涡轮对夹蝶阀DN200

F4　缓闭止回阀DN80

F5　对夹式蝶阀DN80

B1　潜水井泵

B2　供水泵

—— F —— 除氟废水管

—— FC —— 反冲洗管

—— PS —— 排水管

—— JS —— 给水管

—— GS —— 供水管

Ⴒ 压力表

工程名称	谭棚镇张新庄水厂	阶　段	初　设
		部　分	工　艺
图　名	工艺流程图	图　号	ZXZSC-03
设计单位	安徽省阜阳市水利规划设计院	设计时间	2013.5

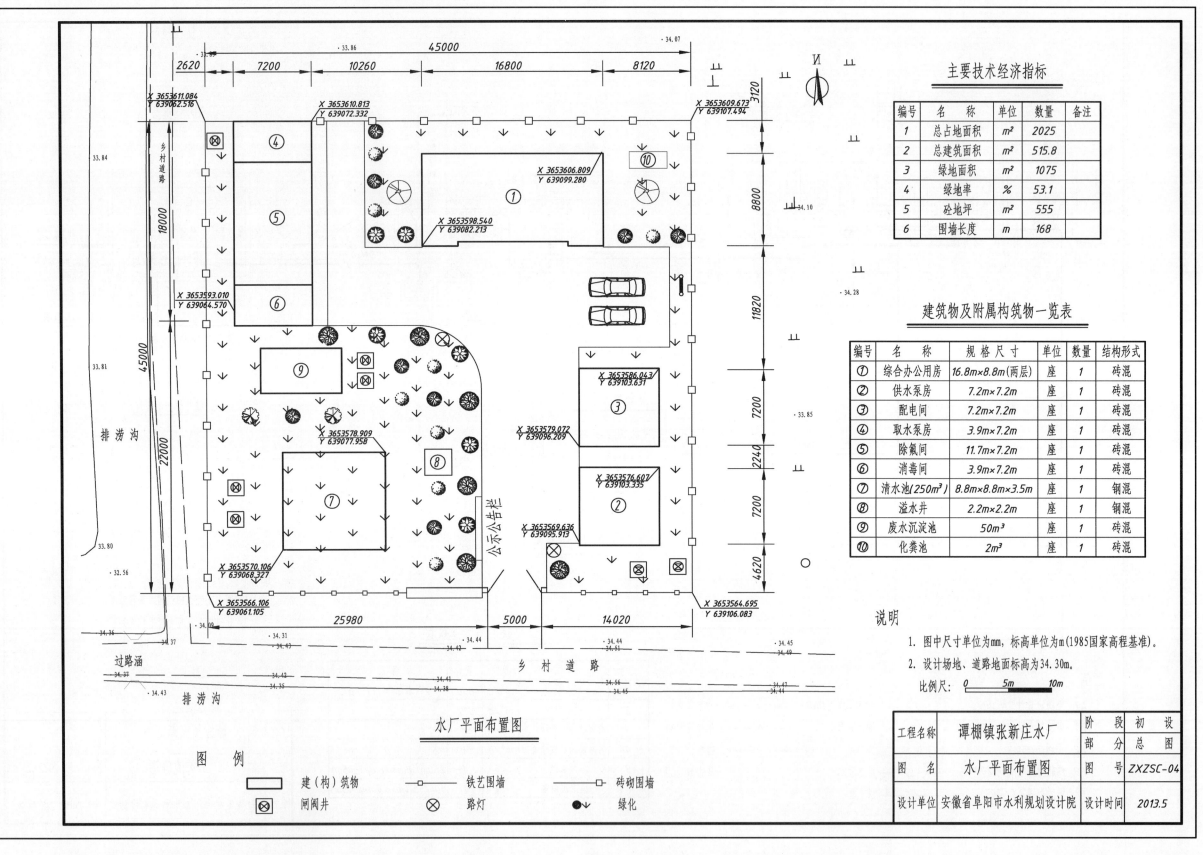

主要技术经济指标

编号	名　称	单位	数量	备注
1	总占地面积	m²	2025	
2	总建筑面积	m²	515.8	
3	绿地面积	m²	1075	
4	绿地率	%	53.1	
5	砼地坪	m²	555	
6	围墙长度	m	168	

建筑物及附属构筑物一览表

编号	名　称	规格尺寸	单位	数量	结构形式
①	综合办公用房	16.8m×8.8m(两层)	座	1	砖混
②	供水泵房	7.2m×7.2m	座	1	砖混
③	配电间	7.2m×7.2m	座	1	砖混
④	取水泵房	3.9m×7.2m	座	1	砖混
⑤	除氟间	11.7m×7.2m	座	1	砖混
⑥	消毒间	3.9m×7.2m	座	1	砖混
⑦	清水池(250m³)	8.8m×8.8m×3.5m	座	1	钢混
⑧	溢水井	2.2m×2.2m	座	1	钢混
⑨	废水沉淀池	50m³	座	1	砖混
⑩	化粪池	2m³	座	1	砖混

说明

1. 图中尺寸单位为mm，标高单位为m(1985国家高程基准)。

2. 设计场地、道路地面标高为34.30m。

比例尺：　0　　　5m　　　10m

水厂平面布置图

图　例

	建(构)筑物		铁艺围墙		砖砌围墙
⊠	闸阀井	⊗	路灯	●	绿化

工程名称	谭棚镇张新庄水厂	阶　段	初　设
		部　分	总　图
图　名	水厂平面布置图	图　号	ZXZSC-04
设计单位	安徽省阜阳市水利规划设计院	设计时间	2013.5

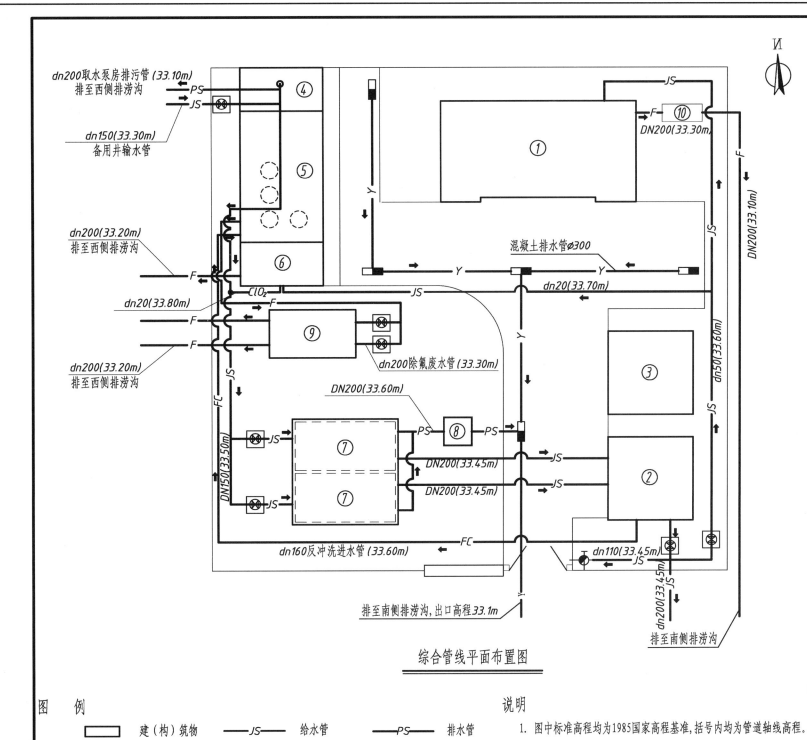

建筑物及附属构筑物一览表

编号	名 称	规格尺寸	单位	数量	结构形式
①	综合办公用房	16.8m×8.8m(两层)	座	1	砖混
②	供水泵房	7.2m×7.2m	座	1	砖混
③	配电间	7.2m×7.2m	座	1	砖混
④	取水泵房	3.6m×6.0m	座	1	砖混
⑤	除氟间	10.8m×6.0m	座	1	砖混
⑥	消毒间	3.6m×6.0m	座	1	砖混
⑦	清水池(250m³)	8.8m×8.8m×3.5m	座	1	钢混
⑧	溢水井	2.2m×2.2m	座	1	钢混
⑨	废水沉淀池	50m³	座	1	砖混
⑩	化粪池	2m³	座	1	砖混

水厂内管线主要材料一览表

序号	管道名称	规格	类型	单位	数量	材质
1	输水管					
(1)	备用井输水管	DN150	给水管	m	3	钢管
(2)	除氟间~清水池输水管	DN150	给水管	m	38	钢管
2	配水管					
①	清水池出水管	DN200	给水管	m	35	钢管
②	供水泵房出水管	DN200	给水管	m	8	钢管
③	供水管网首端	dn200	给水管	m	2	PE100
④	厂内供水管	dn50	给水管	m	57	PE100
⑤	消毒动力水管	dn20	给水管	m	40	PE100
⑥	除氟反冲洗管	dn160	给水管	m	80	PE100
3	排水系统					
①	清水池溢水管	dn200	给水管	m	23	PE100
②	化粪池进、排水管	DN200	给水管	m	70	铸铁
③	取水泵房排污管	dn200	给水管	m	12	PVC
④	消毒间排污管	dn200	给水管	m	12	PVC
⑤	除氟废水管	dn200	给水管	m	23	PVC
⑥	废水沉淀池排水管	dn200	给水管	m	11	PVC
⑦	厂区雨水管	Ø150	给水管	m	100	预制混凝土
⑧	集水井			个	5	

综合管线平面布置图

图 例

▭	建(构)筑物	——JS——	给水管	——PS——	排水管
⊕	室外消防栓	——ClO₂——	加氯管	——Y——	雨水管
⊗	闸阀井	——F——	废水管	——FC——	反冲洗管
▭	雨水口				

说 明

1. 图中标准高程均为1985国家高程基准,括号内均为管道轴线高程。
2. 输、配水管道长度统计至围墙、建筑物外侧1m,排水管道长度统计至出口。
3. 闸阀附属设施统计工程量均位于室外。

比例尺: 0 2.5m 5m

工程名称	谭棚镇张新庄水厂	阶段	初设
		部分	工艺
图名	综合管线平面布置图	图号	ZXZSC-05
设计单位	安徽省阜阳市水利规划设计院	设计时间	2013.5

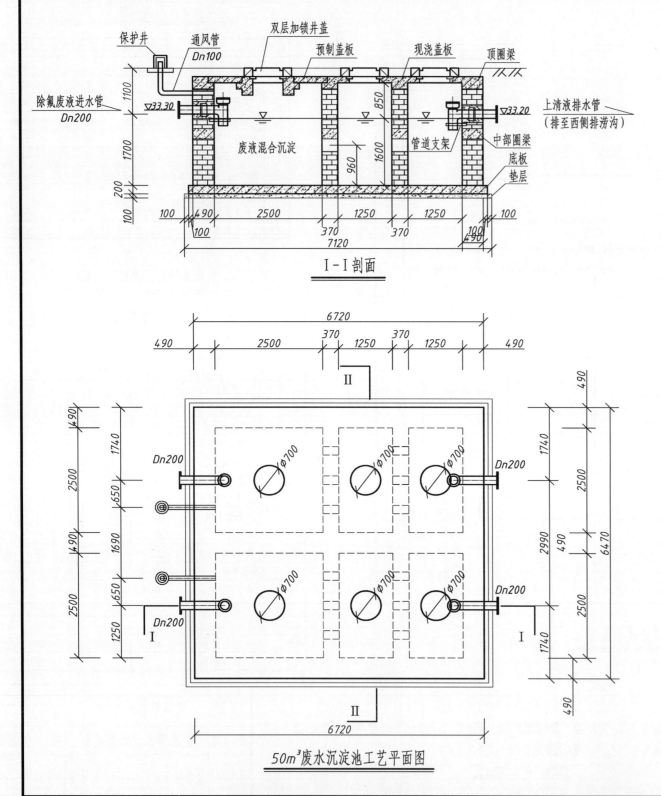

I−I剖面

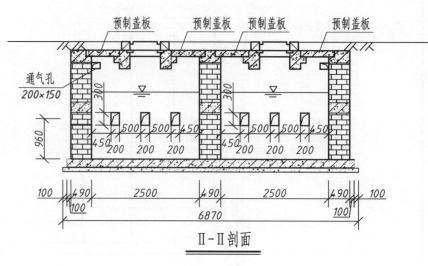

II−II剖面

主要工艺设备材料表

序号	名称	规格	材料	单位	数量	备注
1	检修孔	φ700		只	6	
2	通风帽	φ1100		只	2	
3	通风管	DN200	Q235A	根	2	
4	移动铁梯			个	1	
5	水管支架		Q235A	付	4	
6	刚性防水套管	DN200	Q235A	只	4	详见国标图 02S404
7	钢制弯头	DN100×90°	Q235A	只	2	
8	钢管	DN200	Q235A	m	4	
9	钢管	DN100	Q235A	m	4	

50m³废水沉淀池工艺平面图

说明

1. 图中尺寸单位为mm。
2. 除氟废水采用石灰沉淀法，利用石灰中的钙离子与氟离子生成CaF_2沉淀而除去氟离子。
3. 废液处理时，向废液沉淀池内投加石灰乳，与反冲洗同步进行。
4. 废水沉淀池分为两隔，均可独立运行。
5. 沉淀池内的淤积物及时清理。

工程名称	谭棚镇张新庄水厂	阶 段	初 设
		部 分	土 建
图 名	除氟废水沉淀池工艺图	图 号	ZXZSC-06
设计单位	安徽省阜阳市水利规划设计院	设计时间	2013.5

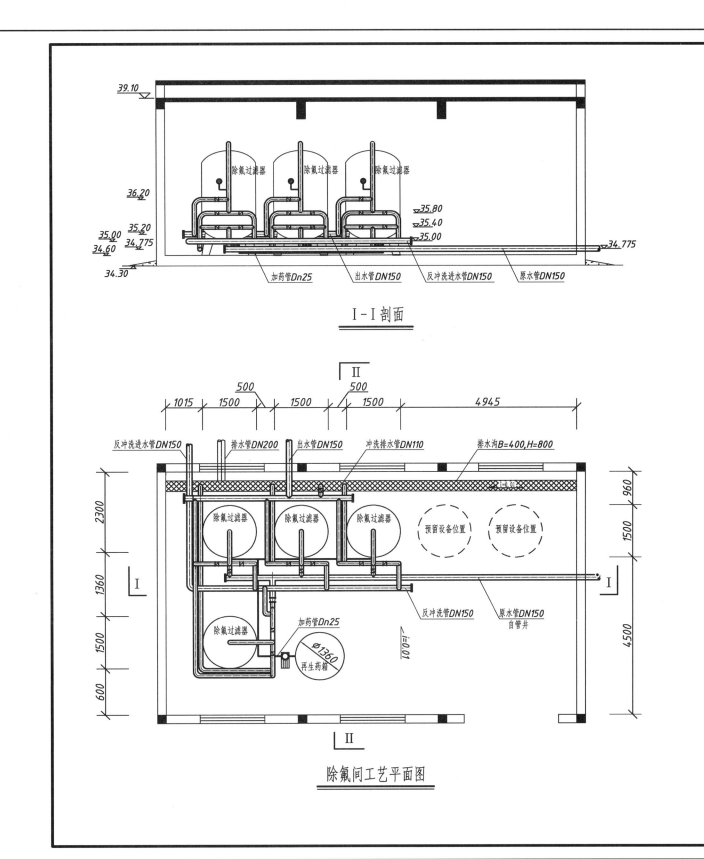

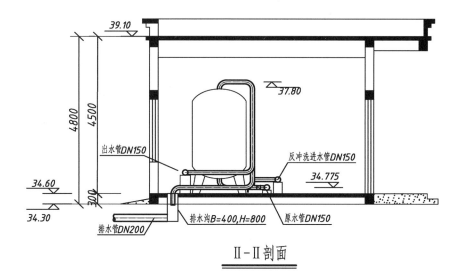

Ⅰ－Ⅰ剖面

Ⅱ－Ⅱ剖面

除氟间工艺平面图

主要工艺设备一览表

序号	名　称	规格尺寸	单位	数量	结构形式
1	除氟过滤器	Φ1500,H=2900	个	4	Q235
2	再生药箱	Φ1360,H=2900	个	1	PVC
3	原水管	DN150	m	9.5	钢管
4	罐体附属管道	DN110	m	62	钢管
5	出水管	DN150	m	8	钢管
6	加药管	dn25	m	10	PE
7	反冲洗管	DN150	m	9	钢管
8	蝶阀	DN100	个	25	铸铁
9	螺纹闸阀	dn20	个	4	PE
10	压力表	1.0MPa	个	4	
11	再生泵	Q=6m³/h,H=7m	台	1	铸铁

说明

1. 图中尺寸单位为mm，标高单位为m（1985国家高程基准）。

2. 车间进口处预留2台设备位置，便于远期扩大取水规模或原水水质变化后增加设备。

工程名称	谭棚镇张新庄水厂	阶　段	初　设
		部　分	工　艺
图　名	除氟间工艺布置图	图　号	ZXZSC-07
设计单位	安徽省阜阳市水利规划设计院	设计时间	2013.5

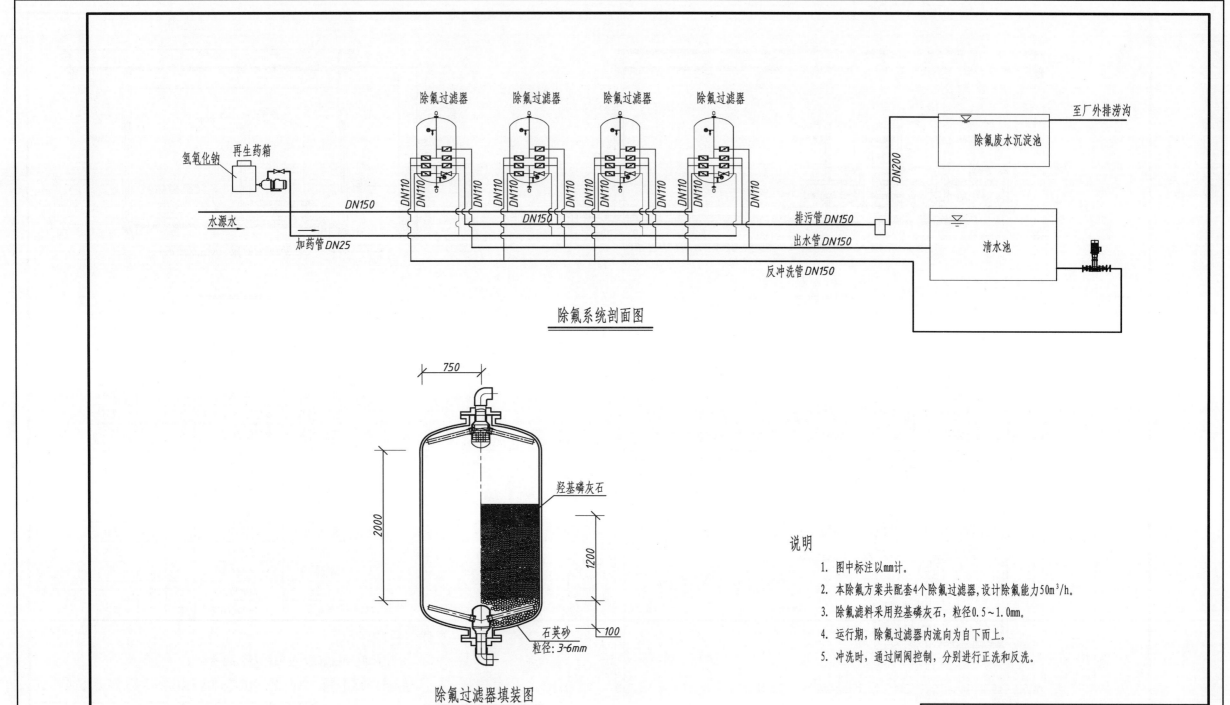

除氟系统剖面图

除氟过滤器填装图

说明

1. 图中标注以mm计。

2. 本除氟方案共配套4个除氟过滤器,设计除氟能力50m³/h。

3. 除氟滤料采用羟基磷灰石,粒径0.5~1.0mm。

4. 运行期,除氟过滤器内流向为自下而上。

5. 冲洗时,通过闸阀控制,分别进行正洗和反洗。

工程名称	谭棚镇张新庄水厂	阶　段	初　设
图　名	除氟系统剖面图	部　分	工　艺
		图　号	ZXZSC-08
设计单位	安徽省阜阳市水利规划设计院	设计时间	2013.5

七、部分农村饮水安全工程供水设施照片

图1 阜南县地城镇水厂正面

图3 泗县吴圩水厂正面

图5 黄山区焦村镇西海水厂正面

图2 明光市燕子湾水厂一角

图4 临泉县张新庄水厂一角

图6 广德县邱村水厂一角

图7　临泉县张新庄水厂除氟滤料再生药箱

图9　泗县吴圩水厂除铁设备

图11　临泉县张新庄水厂除氟设备

图8　明光市燕子湾水厂取水泵房外观

图10　定远县韭山水厂反应沉淀池

图12　定远县韭山水厂快滤池及清水池

图13 明光市燕子湾水厂取水泵房内部

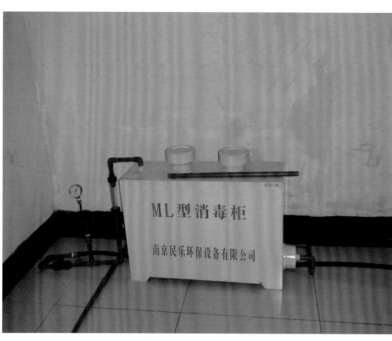

图15 徽州区坑山村引水工程消毒设施

图17 黟县碧阳镇钟山村供水工程入户水表箱

图14 徽州区坑山村引水工程取水设施

图16 徽州区坑山村引水工程消毒间外观

图18 广德县赵村供水工程水源保护地标志牌